分拣
中国史

中国古代服饰撷英

历史的 衣橱

顾凡颖 编著

北京日报出版社

目 录

下编 · 风尚之服

衣橱第四格

士女皆竞衣胡服：唐代女性服饰

序　言

　　古代中国人穿什么？这是一个非常有趣的问题。

　　事实上，不只对服饰穿着，我们对古人生活的各个方面都充满了好奇心。几百上千年前，他 / 她们生活在什么样的城市 / 村镇里，住什么样的房子，用哪些家具？他 / 她们如何营生，吃什么，穿什么，用什么？他 / 她们从出生到死亡，经历什么，追求什么，信仰什么，又在思考什么？所有的一切，于今天的我们而言，都是新奇而有趣的。

　　但这也是一个相当复杂的问题。因为古代中国历时数千年，不同历史时期的服饰自然是不断变化的。而且，即便在同一个历史时期里，幅员辽阔的中国疆域内，不同地区、不同民族、不同政权的人，穿着也会各不相同。作为严谨的历史研究主题，如果想要讨论古人穿什么，以及为什么那样穿，就要对穿着服饰的人做细致的分析。性别、身份、年龄、职业，乃至生活方式、个人喜好，都会影响着他们服饰的样子，如果把这些因素考虑周全的话，想要回答"古代中国人穿什么"这个问题，就几乎变成了不可能的任务。

　　所以，在这本小书里，只能选取若干突出的、有代表性的服饰主题，尽可能形象地展示出中国历史上纷繁复杂的服饰演化的若干侧面。就像打开了一个巨大的衣橱，伸手进去拨动浩如烟海的衣裳，挑选几身最紧要、最有特点的，取出来展示到观赏者的面前。

　　中国素有"衣冠之国"的美称，在回溯中国服饰的历史的时候，最经典的史料，就是历代正史中的《舆服志》。正史"二十四史"加上《清史稿》共是二十五史，其中有十部设有专门章节的《舆服志》。最初始于《后汉书》，而后有《晋书》《南齐书》《旧唐书》《新唐书》（或称《舆服志》或称《车服志》，所记内容相同），《宋史》《金史》《元史》《明史》，直至《清史稿》。所谓"舆"，本义为车厢，后来泛指车，在这里又指王朝的车马仪仗；所谓"服"，自然是指衣冠制度。车与服为什么会被记录在一起呢？因为编纂《舆服志》的目的，是记录治理国家时所建立的制度，而国家举行大型仪典时的车旗服御，就是国家制度最直观的外在形象。所以，打开这部"历史的衣橱"，前三格分别陈列着作为天子礼服的冕服、作为后妃礼服的凤冠霞帔和中古至近古的官服补服，这都是《舆服志》中服制部分记载比较多的内容。

但当我们想要更细致地了解古代服饰时，就会发现《舆服志》有两个明显的缺陷。一是它想要记录的是国家典制，所以对皇帝、宗亲、官宦及其家眷的服饰记载比较详细，对平民百姓的服饰就避而不谈了。二是它只有文，没有图，把服饰的视觉造型转化为简略的文字描述以后，后人仅通过阅读《舆服志》里的文辞，根本无法还原出服饰本来的样子。

应对第一个问题，现在学界普遍从诗歌、笔记、小说等文献记载中，寻找对平民社会和日用服饰的记述。至于第二个问题，关注绘画、壁画、陶俑之类的文物发现，常常可以见到历史上各种身份的人的真实服饰，是对《舆服志》中那些佶屈聱牙的专有名词的形象诠释。"历史的衣橱"的后两格，陈列主题分别是唐代女性服饰和清代至今的旗袍演变，大部分材料就来自于正史以外的史料记载。

希望这本图文并茂的小书，能够为读者展示一些鲜活的、直观的历史服饰实况。当然，受现今已发现的史料所限，我们对古代服饰的了解仍是挂一漏万的。也许有一天，某处最新考古发现的出土图像就会打破我们对某种历史服饰，或某个时代着装特点的既有印象。期待着新的发现与研究，不亦乐乎？

顾凡颖

2018 年 8 月

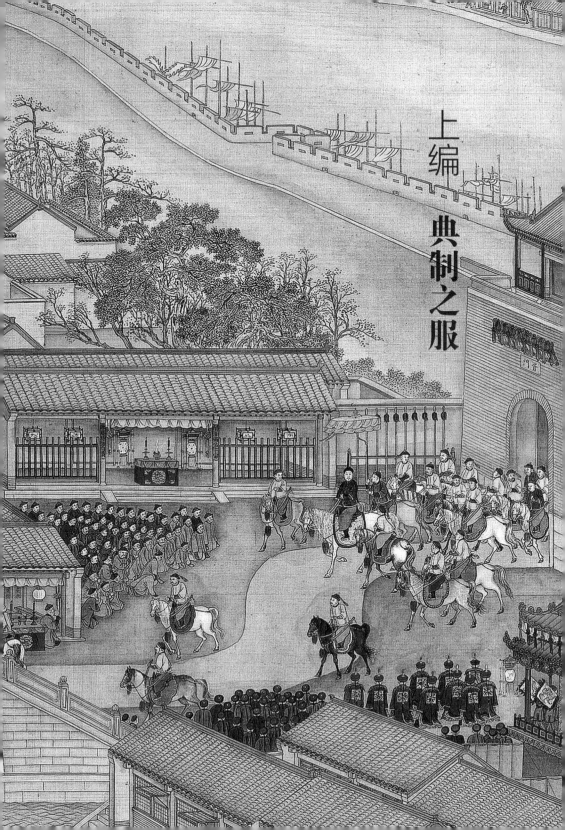

穿着时代：先秦至明代（约公元前 11 世纪—1644）

主要款式：冕冠，玄衣纁裳，搭配腰带、蔽膝、佩玉等衣饰

穿着场合：以祭祀为主的仪典上

主要特征：最高等级的礼服

一个理想国的蓝图

中国古代天子冕服

引子

天子祭服难道不是至尊？

唐人杜佑（735—812）编撰的《通典》中，记载了初唐高宗显庆年间（656—661）一次关于祭祀服制的讨论。显庆元年（656）九月，太尉长孙无忌与负责修礼的于志宁、许敬宗等大臣联名上书，就皇帝率百官祭祀时所穿着的冕服事宜，向高宗皇帝提交了一份言辞激烈的奏议，指出当时通行的《显庆礼》中，对冕服的规定多有悖乱之处。

中国的历代王朝典制皆以"礼"为基础，而服制又是礼制体系中最具展示性的部分。皇帝在什么场合应当穿什么，在古代中国从来都是一件严肃、慎重的大事。那么唐高宗显庆年间的天子冕服出了什么问题呢？

原来按照《显庆礼》的规定，皇帝在主持祭祀社稷的时候穿"希冕"，冕上垂四旒，衣上有三种章纹；祭祀日月的时候穿"玄冕"，冕上垂三旒，衣上没有任何章纹，这只与四品、五品官员所穿的冕服相同。而此时一同参加祭祀社稷、日月活动的三公们，协助皇帝担任副祭，却都穿"衮冕"，冕上要垂九旒，衣上饰有九种章纹；孤、卿们协助祭祀，穿"毳冕"和"鷩冕"，冕旒和服章的数量也是要多于天子的。于是群臣感慨，在祭祀这样重要的场合，天子的冕旒和服章数量居然比很多臣僚还要少，这简直是"贵贱无分，君臣不别"！这种服制的错乱明显违背了天地秩序，绝不可以继续施行，一定要为皇帝修订祭祀服制，以免在祭祀中让臣下的祭服凌驾于皇帝之上。

　　这次祭祀服制争论的起因，是唐初定立服制的时候仿照《周礼》施行"六冕"之制，皇帝在祭祀天地时穿最高等级的冕服"大裘冕"；祭祀宗庙时穿"衮冕"，冕冠上垂十二旒，衣裳上饰有十二章；祭祀远主时穿"鷩冕"，七旒七章；祭祀海岳时穿"毳冕"，五旒五章；祭祀社稷时穿"希冕"，四旒三章；祭祀日月和蜡祭百神时穿"玄冕"，只有三旒而无章。但与皇帝依据祭祀等级而改变的冕服不同，臣下们在祭祀时所穿戴的冕服是根据其官品而固定不变的，一品官无论何种祭祀仪典都穿九旒九章的"衮冕"，二品官穿七旒七章的"鷩冕"，三品官穿五旒五章的"毳冕"，四品官穿四旒三章的"希冕"，五品官穿三旒无章的"玄冕"，至于官品低于五品的官员就没有服冕的资格了。上面奏议中指出的冕服章旒"君少臣多"的情况，从下面这张表里可以很直观地看出来：

祭祀等级	皇帝	一品	二品	三品	四品	五品
天地	"大裘冕" 无旒无章	"衮冕" 九旒九章	"鷩冕" 七旒七章	"毳冕" 五旒五章	"希冕" 四旒三章	"玄冕" 三旒无章
宗庙	"衮冕" 十二旒十二章	同上	同上	同上	同上	同上
远主	"鷩冕" 七旒七章	同上	同上	同上	同上	同上
海岳	"毳冕" 五旒五章	同上	同上	同上	同上	同上
社稷	"希冕" 四旒三章	同上	同上	同上	同上	同上
日月、百神	"玄冕" 三旒无章	同上	同上	同上	同上	同上

▲ 唐初君臣祭祀服制对比

在祭祀天地与宗庙时，皇帝所穿的冕服与臣下都不相同，自祭祀远主以下，皇帝的冕服就分别会与二品至五品官的冕服相同（标为相同颜色的单元格），也就是奏议中所说的皇帝"亲祭日月，乃服五品之服"。而且在皇帝穿五品官式样冕服时，就意味着仪典现场的一至四品官员所穿冕服都比皇帝的等级还要高！对这种上下无序、尊卑颠倒的冕服等级安排，长孙无忌等人在奏议中表达出是可忍孰不可忍的强烈反对意见。

国之祭祀，自古以来就是君权、君威集中展现的时刻，既庄严肃穆，又具有极大的威慑力。而《通典》所载的这段唐代故事却令人心下生疑，在国之重典的场合，皇帝都没有天下至尊的服饰，如何能够体现出身为"天子"至高无上的权力和威严？唐高宗年间已非唐代制度革定之时，帝国的各项体制理应完备，为什么君臣们还会对皇帝、百官在祭祀时应该穿什么展开激烈的讨论呢？为什么还会有这种看似极不合理的服制出现呢？下面我们就一起来回顾一下华夏历史长河中的天子冕服制度吧。

服饰和权力

《论语·卫灵公》记载孔子的弟子颜渊向老师请教治国之道，孔子回答说："行夏之时，乘殷之辂，服周之冕，乐则韶舞。"意思是说应该用虞夏的历法，乘坐殷商的车舆，穿周代的冕服，乐曲则听虞舜时候的韶乐。祭礼时所穿的礼服称为祭服，天子祭服以"冕"为冠，再在衣裳上配饰若干服章，所以又被称为"冕服"。孔子所说的夏历、殷辂、周冕和韶舞，在他老人家看来都是至善至美的东西。历代儒生们一直致力于实现"服周之冕"的理想，从东汉直到明代，冕服的具体形制虽然又经历了诸多变化，但作为祭服正统一直被沿用了两千多年，是传承时间最长的一种古代冠服了。

郁郁乎文哉，吾从周

相传冕服起源于黄帝时代，传说是否属实今天已无从考证。至殷商时代开始了有文字记载的历史，甲骨文中就有"冕"的象形文字，并且是与代表殷王自称的"一人"字样共同出现的，因此很可能至迟在商代就有了服冕的传统，后来又传承到周代。从西周时期青铜器的铭文中，可以看到很多对

▶ 山东嘉祥武梁祠东汉画像石中所绘戴冕冠的古帝王，由左及右依次为黄帝、帝喾、唐尧、虞舜

服冕的记录，如大盂鼎"冕衣绂舄"、毛公鼎"虎冕熏里"、吴方彝盖"玄衮衣赤舄"，证明在周代的确实行着一套冕服制度。只是这些冕服在史籍中都只有几个字、一句话的记载，并没有细节的描述或图像资料留存下来，当时冕服的具体样子已经不得而知。今天看到的上古帝王形象，都是由后代人追慕刻绘的，所穿的服饰只能反映图像绘制年代的观念，而不是上古真实情况的再现。

历代制定冕服制度时主要依托的典籍《周礼》，原名为《周官》，"周"并非特指西周，而是"周天之官"的意思。书中既有对夏商周三代礼制的记述，也有作者理想中"以人法天"的宏大官制体系。不仅所述内容年代久远，而且《周礼》的成书时间也一直没有定论。它是西汉景帝、武帝时从民间征得的古籍本子，又藏在深宫多年，直到汉成帝时才被刘向、刘歆父子在整理秘府文献时发现并著录。它的成书年代最早可能是战国，最迟可能由西汉时的儒者所编。

据《周礼》记载，周代凡有祭祀之礼，天子、诸侯、公卿大夫均穿冕服。冕服是祭祀活动时的礼服，上朝时是不穿冕的，君臣都穿皮弁服（以皮

	祀昊天上帝、五帝	享先王	享先公	祀四望山川	祭社稷五祀	祭群小祀	视朝
天子	大裘冕	衮冕	鷩冕	毳冕	希冕	玄冕	皮弁服
公		衮冕	鷩冕	毳冕	希冕	玄冕	皮弁服
侯伯			鷩冕	毳冕	希冕	玄冕	皮弁服
子男				毳冕	希冕	玄冕	皮弁服
孤					希冕	玄冕	皮弁服
卿大夫						玄冕	皮弁服
士							皮弁服

▲《周礼》所载服制等级示例

弁为冠，绛纱袍、红裳，无服章）。所以今天的许多影视作品让皇帝戴着冕冠坐在朝堂上与群臣朝会，明显是不符合礼制的。作为等级身份的象征，首先平民阶层是绝没有资格穿用冕服的；进而在贵族阶层内部，皇帝和诸侯、公卿、大夫所穿的冕服又有着各种复杂的区别，体现了细致的等级划分。因而在冕服样式、章纹里，包含了极为丰富的象征意义，既可以代表统治者们在人世间的权威，还可以在祭祀场合中映射天地万物，以标志这种统治权力由天所得的正统性和尊贵感。

于天子而言，依据祭祀活动的重要程度不同应穿着不同等级的冕服，《周礼》载："王之吉服，祀昊天上帝，则服大裘而冕，祀五帝亦如之；享先王则衮冕；享先公、飨射则鷩冕；祀四望山川则毳冕；祭社稷五祀则希冕；

▲ 宋代聂崇义《三礼图》中所绘大裘冕、衮冕、鷩冕、毳冕、希冕、玄冕图式

祭群小祀则玄冕。”对臣下而言，则需依照天子在各类祭祀时所穿冕服再降一级穿着，即公没有资格穿大裘冕，最高只能穿衮冕；侯、伯没有资格穿大裘冕和衮冕，最高只能穿鷩冕，以此类推。

《周礼》冕制的核心问题是“等级君主制”和“等级祭祀制”。周代分封制下，天子、诸侯、卿和大夫之间，除了保持严格的等级尊卑关系之外，也会具有相对的独立性。天子毫无疑问是君，诸侯虽是天子的臣，但在封土内面对自己的臣属时，他也是“君”。以此而下，孤、卿、大夫也都是下一等级的臣民的“君”。这就是“等级君主制”。依照《周礼》，祭天是只有天子才可以举行的仪典，三公没有“天之子”的身份，所以不可以祭天，只可以主祭自己封国内的祭祀仪典。《礼记·王制》云：“天子祭天地，诸侯祭社稷，大夫祭五祀。天子祭天下名山大川，五岳视三公，四渎视诸侯。诸侯祭名山大川之在其地者。"这就是"等级祭祀制"。

六冕之制

《周礼》中记载有六种冕服名称，分别是大裘冕、衮冕、鷩冕、毳冕、希冕和玄冕。它们的命名规则并不一致，裘是兽皮，衮是龙纹服章，毳是野兽的细毛，鷩是鸟名，玄是颜色。对于希，则说法不一。东汉郑玄注《周礼》解释说希为"绣"，即刺绣；同时代的刘熙《释名》则认为这种冕服下裳只有黼黻两章，故因服章称之为"黹"，后误为"希"。名称来源的混杂，暗示这些名称可能来自各自独立的冕冠，最初是没有相互联系的，后来才被编排到了一起。到了《周礼》的年代，这些冕冠已经被抹去了原本的意义和形制，纳入了井然有序的六冕服制。

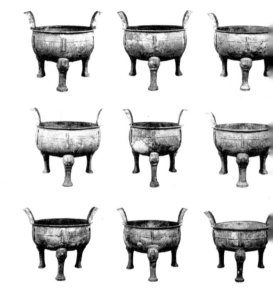

九鼎

二壶

在先秦时，这种等差有序的分级制度，并不是冕服独有。很多礼制都与爵位身份有明确的对应关系。如仪典上使用的礼器为天子九鼎八簋，诸侯七鼎六簋，卿大夫五鼎四簋，士用一鼎，特殊场合可以三鼎二簋；祖庙制度中天子七庙，诸侯五庙，大夫三庙，士一庙，庶人祭于寝；出行时天子驾六马，诸侯驾四，大夫三，士二，庶人一，等等。这些都是等级君主制在礼制上的表现，是真实身份的一种特别"映射"，使得理想的先秦社会等级秩序井然有序。

八簋

◄ 河南新郑春秋郑韩故城祭祀遗址出土的成套青铜礼器，由上而下，从左至右，依次为九鼎、二壶、八簋、九鬲。从考古发现来看，成套"列鼎"在西周中期初见，至西周晚期与"列簋"相配合成为定制，春秋时期鼎簋配合的列鼎制度在墓葬中盛行开来

九鬲

汉代的冕服复兴运动

传统的断裂

公元前 221 年秦始皇（前 259—前 210）统一中国，终结了周代分封诸侯、以礼制治国的统治理念，进行了大刀阔斧的政治改革，开创了中央集权、文官制度、车同轨书同文等帝国新局面。就对中华帝国构建的贡献而言，秦始皇无疑是一位伟大的君主，但是对儒学而言，秦始皇统治时代则是一段"乱世"。秦王朝崇信的是法家的治国理念，对旧有的儒家礼学大为摒弃，在冕服制度上，秦代几乎废弃了周代的全套祭服，只保留了被称作"袀玄"的礼服。

其实在秦国的历史上，也曾经使用过周礼的冕服。《诗经》中有一篇《秦风·终南》，记载了秦襄公（？—前 766）由于在周幽王灭国（前 771）、平王东迁建立东周（前 770）的过程中出兵勤王而受到封赏，不仅得到了公侯的爵位，还得到了周天子赐服："终南何有？有条有梅。君子至止，锦衣狐裘。颜如渥丹，其君也哉！终南何有？有纪有堂。君子至止，黻衣绣裳。

秦王得到的赐服包括名贵的"锦衣""狐裘"和象征公侯身份的"玄衮""赤舄"。这一次受封是秦国崛起的起点，一个原本偏居西部边陲的夷狄之国，凭借着超越周王室之上的军事实力，一跃成为受到正式册封的诸侯邦国。秦王穿戴起"黻衣绣裳"，行动时"佩王将将"发出悦耳的碰击声响，心情自然是欢欣又得意的。

然而此一时彼一时，到了秦始皇一统六国建立秦朝时，却拒绝了周冕。以秦政权建立之初，嬴政自号为始皇帝，称要传位二世、三世直至万世的志向和气度，可以想见，秦不用冕服制度，绝不是秦始皇的自我克制、因陋就简，也不是帝国的雄心、格局不够，而是在秦代新的帝国体制中，主动拒绝了旧有的服制，要以新服制取而代之。

秦代的"袀玄"，后人理解是由玄衣和绀裳组成的礼服。玄是青黑色，与《周礼》冕服上衣的颜色相同；绀则是在缥色中加入黑色后微微泛红的黑。虽然同属红色系，但在古人对色彩的细致分类里，绀和缥要算是两种不同的颜色。秦代为什么要改变礼服下裳的颜色呢？这可能与战国人邹衍所创的"五德终始说"有关。

在商周时代，解释朝代更替的历史哲学认为新朝天子要先"受命"于天，然后"革命"，即革去前朝天子所受的天命，再取而代之。而到了战国时期，周天子势衰，群雄并起逐鹿中原，究竟谁可以从乱世中脱颖而出，就看不出天命所归了。于是以五行学说为基础的"五德终始说"适时而出。创始人邹衍提出金、木、水、火、土五行蕴藏着五德，新朝天子得位是因为顺应了五行中的某一德，待其德衰，就又有五行中的另一德起而代之，朝

▲ 山东嘉祥武氏祠东汉画像石所刻荆轲刺秦王图，图中秦始皇所戴即通天冠

代更替，周而复始。按照这种学说，黄帝时候，上天降下了"黄龙地螾见"（《史记》）的祥瑞，彰显其为土德，所以服制尚黄。后来土德衰微，五行中木克土，代表木德的禹兴起，天降"草木秋冬不杀"（《吕氏春秋》）的祥瑞，所以夏时服制尚青。再后来商汤以金德克夏木，周文王以火德克商金，也

依照五行确定服制颜色。秦始皇取代周天子统一天下，按照五德推演是以水克火。为了寻找上天所降的祥瑞作为佐证，遂特别以五百年前秦国的先祖秦文公（？—前716）曾捕获一条黑龙的传说作为秦得水德的证据。

按照秦得水德之说，秦代施行了一系列突显其水德的制度。定每年十月初一为元旦；因为水在五行中居于北方，配色为黑，故服制尚黑，礼服、旗帜都多用黑色，纁裳也变成了绀裳；又因为《易经》认为"地六成水"，所以数字以六为限，符是六寸，舆是六尺，乘是六马，等等。

在周代的六等冕服中，第六等是"玄冕"。玄冕以其为玄色而得名，上衣没有装饰章纹，仅在下裳有刺绣的黻纹，除了无章无旒的大裘冕之外，是纹饰最少的冕服，在冕制中居于末等。而秦始皇选择作为祭祀礼服的袀玄，史籍记载都没有提到上面有任何纹样。由于祭服上的纹样具有重要的象征意义，如果有的话，在记载中一般不会被忽略，所以推断袀玄上应当是没有章纹装饰的。后人认为袀玄很可能就是六冕中的玄冕，如《隋书》在议皇帝服装时就说："至秦，除六冕，唯留玄冕。"在玄衣绀裳的同时，其他五种冕服被废置不用，礼服也不戴冕，而是戴通天冠。可能正是因为如此，秦代的玄衣就不能再称之为"冕服"，而是另以"袀玄"命名。

汉礼复兴

秦代的这套袀玄之服在西汉初被承袭下来，《史记》记载在汉初高祖、文帝、景帝时，不仅沿用了秦代的历法，祭服穿的也还是玄衣纁裳的袀玄。汉高祖刘邦起家以前喜欢戴一种楚地式样的竹皮冠，登基以后便把这种冠用作礼冠和祭冠，称之为"长冠"或"刘氏冠"，宗庙祭祀时，就用长冠来搭配袀玄。一种原本平民的日常用冠，一跃而成为至尊的宗庙礼冠，倒是凸显出那个布衣将相的变革时代的鲜活气息。

到了武帝元封七年（前104），在司马迁等人的提议下，武帝下令改定历法，重编《汉历》。因为在这一年五月汉武帝改元太初，所以这部历法也被称为《太初历》。在改历的同时，还将服色改为尚黄，数字以五为限，袀玄在礼仪场合的地位也被降低了，天子、公卿、诸侯开始重新戴冕冠，在祭典中担当执事的官员戴长冠，只有没有执事的官员才继续穿袀玄。

"被发明的传统"

华夏"古礼"传统在战国至秦代发生了严重的断裂，特别是秦始皇下令"焚书"以后，儒家经典过去流传的版本已很难找寻。汉初儒学重新抬头时，许多经书只有靠秦代的老博士和其他有家传儒学修为的人凭记忆诵写出来才得以流传。这些经文被重新以汉代通行的隶书书写，所以汉代人称之为"今文经"。

虽然秦始皇以严刑峻法禁毁儒家经典，但民间仍有私藏的战国流传下来的经书。《史记》载："秦既得意，烧天下《诗》《书》……《诗》《书》所以

▲ 湖南长沙马王堆一号汉墓出土的帛画，上绘天门前两人拱手对坐，头戴无旒之冕，衣下露出的就是"纁裳"

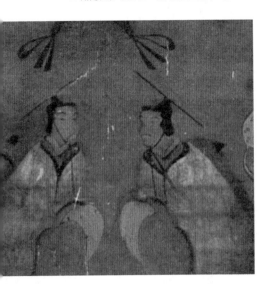

◀ 左：帛画细节
右：马王堆汉墓着衣
木俑，头上所戴即为
"长冠"

▲ 山东沂门汉墓出土的画像石拓片，画面上是两个相对而立的冕冠佩剑官吏

复见者，多藏人家。"这些在先秦时期写成的典籍，用的是秦始皇统一文字前的各国"古"文字，因此这些经文被汉代人称为"古文经"。

汉初朝廷所立的儒学博士们，研习的都是今文经。可是儒生们很快发现古文经和今文经的区别不只在于所用文字的今古，所记的内容也常有出入。造成不同的原因，可能既有誊抄时候的错漏，也有习经之人根据自己理解的有意改动。按照崇古的儒家精神，先秦流传下来的古文经显然更符合儒生对"古意"的追求。《汉书·景十三王传》载汉景帝时，河间献王刘德

"修学好古"，以重金在民间征集古文经书，于是民间有收藏古书的人，都将经书进献给刘德，渐渐的刘德所收藏的先秦古文经籍越来越多，有《周官》（即《周礼》）及《尚书》《礼》《礼记》《孟子》《老子》等，毫不逊于朝廷官方书库的收藏。至汉武帝时，鲁恭王刘余想要扩建宫舍，在拆孔子旧宅以便给自己的新宫室腾地方的时候，又从孔宅的墙壁夹缝里发现了一批古文经传，有《尚书》《礼记》《论语》《孝经》等数十篇，都是以"科斗文字"也就是先秦古文写成的。这些经籍都被献给朝廷，极大地丰富了儒学典籍的书库。于是经过西汉武帝之后历代儒生的不断钻研和诠释，至西汉末年王莽时期，整个上层社会掀起了一股崇古、复古的风潮。

王莽（前45—23）掌政后，以治礼作乐的周公自况，开始推行一系列仿照周代制度的新政，力图使天下回归到礼崩乐坏之前的儒家理想社会。他一方面复兴古文经学，对汉代的图书和文字进行了全面的整理；另一方面，以《周礼》和《礼记》为依据，对汉武帝以来的国家礼制进行了全面的改革。在这场礼制改革中，就包括了对冕制的重设和复兴。

经历了王莽改制和光武中兴之后，东汉明帝永平二年（59）颁布舆服令，重定了官服制度。这是史籍记载中，中国最早以法的形式规范服饰制度，史称"永平冕制"。永平二年正月，汉明帝率群臣在明堂祭祀东汉的开国皇帝汉光武帝，君臣冕制共分三级。皇帝祭祀时穿衮冕，衣裳上饰有十二章纹，所戴冕冠前后各有垂旒十二串，用白玉珠。臣下助祭时，冕冠都只有前部有垂旒，三公诸侯是七旒，用青玉珠，服章可用九章；卿大夫是五旒，用黑玉珠，服章可用七章。

"永平冕制"是经汉儒重组、复兴的冠冕制度全面施行的开端，一场历时超过千年的"服周之冕"古礼复兴运动正式拉开了帷幕。

冠冕堂皇

　　因为并非写作于西周当代，所以《周礼》书中所记并不能视为西周时期的真实情形，可这并不妨碍这部书成为后代儒生研究、复兴冕服制度的依托和关键。即便是在古礼传统断裂的战国和秦代，"古礼"也仍在儒生的研讨里、简帛书册的描述里延续发展着。儒生们不仅细致地"记录"礼，还利用古礼素材、参考现实政制"编排"着礼。儒者们对经书进行了深入的研究，试图厘清先秦典籍简短的字句中所蕴含的丰富经意，为经书做出了大量的注疏。其中最著名的注疏者有东汉的郑玄（127—200），唐代的孔颖达（574—648）、贾公彦（约7世纪中叶）等人。经过注疏，很多先前参差零散、因时因地而异的"原生礼制"变得焕然一新，大为精致化、系统化了。注疏中对很多名词的解释，也为后人了解冕制的细节、制定当朝的服制提供了极大的帮助。在《左传》鲁桓公二年（前710），鲁国大夫臧哀伯曾叙述了一整套礼服的组成："衮、冕、黻、珽，带、裳、幅、舄，衡、紞、纮、綖，昭其度也。"经历了汉代儒生的梳理与再造，天子冕服的每一个组成部分不仅有专属的名称、相对固定的样式，还蕴含着在祭祀时对自然、天地秩序的种种模拟，以及对人君身份地位的高调展示。

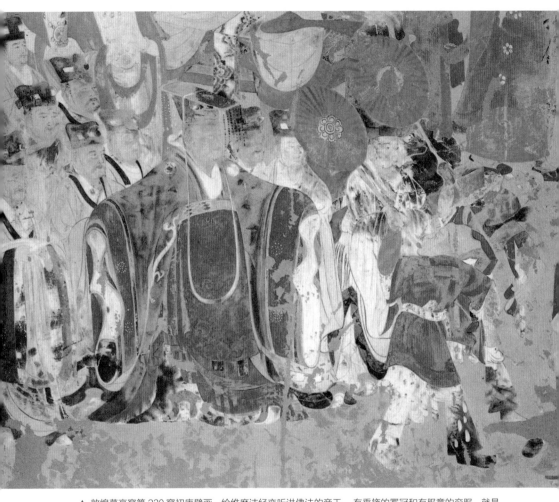

▲ 敦煌莫高窟第 220 窟初唐壁画，绘维摩诘经变听讲佛法的帝王。有垂旒的冕冠和有服章的衮服，就是
冕服最显著的特征

冕

"冕"是一种顶上有平板的冠帽，被用作最尊贵的礼冠。

冕顶上的长方形木板叫作"綖"，前圆后方，寓意天圆地方。綖板用布帛包裹，上层喻天用玄色，下层喻地用纁色。綖要以前低后高的前倾方式固定，据说是为了警示戴冕者虽身居高位，也要谦卑恭让。由于周礼讲求君王要以"敬""德"的姿态行使君令，才能保有"天命"统治国家，因而在冕冠的设计上也强调君对臣要表现出谦和的姿态。

"綖"下的冠圈叫作"武"。在冠体两边对称的位置各有一个小圆孔，叫作"纽"，戴冕时以一根长长的玉笄从一侧的纽穿入，通过冠内的发髻后从另一侧的纽穿出，起到固定冕的作用。在笄的一端系一根丝带，经下颌绕过系于笄的另一端，这根带子被称为"纮"。在武的下沿的两侧靠近耳部的位置还各垂有一条齐耳长的丝带"纩"，末端缀一枚珠玉，称为"瑱"或"充耳"，寓意戴冕者对奸佞之言有所不闻，成语"充耳不闻"就是由此而来。

綖的前后沿垂下的珠串叫作"旒"，串珠的彩色丝线叫"藻"或"缫"。因为多以玉珠制旒，所以又把旒称作"玉藻"。为了使每颗玉珠之间留有固定的间隔，会在玉珠的上下打结固定位置，绳结被称为"就"。周天子所用的旒可用青、赤、黄、白、黑五色丝线串五彩玉珠，最高等级的衮冕前后各有旒十二串，每串有十二珠，而等级较低的冕冠则会减少旒的串数和每串的玉珠数。这样长串的旒垂在冕前，势必会遮挡戴冕者的部分视线，据说这样是提醒戴冕者对周围发生的某些事情要有所忽略，"视而不见"这一成语即出于此。

▶ 唐代阎立本《历代帝王图》所绘冕冠衮服的蜀主刘备。阎立本（约601—673）是唐太宗、高宗朝人，其帝王图共绘十三位君王，其中有七位身穿冕服，冕服形制应当是参照初唐制度所绘

蜀主劉備

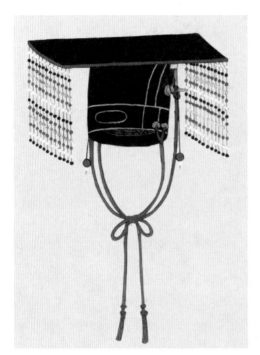

▲ 明人绘《中东宫冠服》中天子冕冠的形制，另注各组成
　 部分的名称示例

▲ 明定陵出土的万历冕冠原件（上）及复制品（下）。前后
　 垂旒各十二，缀以黄、赤、青、白、黑、红、绿七彩玉珠

衮裳

　　冕服采用上衣下裳制，衮是饰有龙服章的上衣，裳是下身穿的长裙。冕服的衣裳曾以被称为"缯"的丝织品来制作，直到北宋景佑二年（1035）改为以罗制衣。上衣的领口处开衽都是"右衽"，即以左前襟压在右前襟上，掩向右腋下系带。因为自先秦时起就是中原汉人惯穿右衽，四方少数民族多穿左衽（右襟在上系于左腋下），所以孔子曾说"微管仲，吾其被发左衽矣"（《论语》），就是以束发右衽指代中原王朝，以披发左衽指代胡族。在华夏服制传统中，一直坚持着以右衽为正统，而观察进入中原的少数民族的"汉化"情况时，将衣襟从左衽改为右衽也被看作一个重要的汉化特征。

　　关于衣裳的颜色，历代冕制中上衣皆用玄、皂、黑青之类相近的黑色系；下裳大多是缥、红、绛之类的红色系。通常的说法是"天玄地黄"，但是五行中黄色的土居中，在四方中没有单独的方位，所以要依托于居南方正位的赤色的火才能显现出来，冕服下裳就变成了浅红色的缥。天子穿着对应天地之色的冕服行祭天之礼，也许可以更好地感应天命、沟通天地吧。

◀ 四川广汉三星堆遗址出土的商代晚期古蜀国鱼王青铜立像，现藏于三星堆博物馆。古蜀作为"西南夷"的一支，衣襟即为左衽

▲ 河北张家口宣化辽墓（1093—1117）壁画中穿着左衽衣的侍女与仆童，其他三人的衣服为右衽，反映
了少数民族与汉族服装习惯的相互影响

▲ 陕西蒲城元墓壁画所绘对坐图，墓主夫妇二人均穿左衽袍

蔽膝

"蔽"为障蔽之意，因多垂至膝前而称之为
"蔽膝"。蔽膝起源于一种非常古老的服饰"市"，
原始人以渔猎为生，常常用树叶树皮或兽皮挡在身
前遮蔽下体，这一条遮挡之物就是市。后来服制
逐渐完备，上衣下裳已能将身体很好地遮蔽，但仍
然在礼服的身前位置保留了相似形状的蔽膝，以体
现对上古服制的承继。

天子的蔽膝多为朱色，以与冕服纁裳的颜色相
配。在南朝宋和明代洪武十六年（1383）、嘉靖八
年（1529）的冕制中，下裳的颜色被改为黄色，直
接对应"天玄地黄"，所以与之相配的蔽膝颜色也
被定为黄色。《礼记》记载蔽膝为上狭下广的形状，
上广一尺，下广二尺，长三尺。这个尺寸中又包
含着隐喻，上广一尺、下广二尺是表示天一（奇
数）、地二（偶数），象征天地，长三尺则蕴含了
天地人"三才"之义。

▶ 河南安阳殷墟出土的两件商代玉人，一个穿右衽衫，腰束绅带，前
系斧形的市；另一个身穿交领深衣，腰束宽带，腹前垂下一条长
条状的市。"市"是一个象形字，《说文解字》云："从巾，象连带
之形。"

晋武帝司馬炎

▲ 明代万历皇帝定陵出土的黄裳（上，复制件）和蔽膝（下），均为罗制。蔽膝呈上窄下宽的梯形，正面上部钉有绣制的团状行龙，下部有三个桃形火纹。《明史》记载嘉靖八年（1529）所定冕制："蔽膝随裳色，罗为之，上绣龙一，下绣火三，系于革带。"如此看来，实物与服制完全吻合

舄

在古代汉语中，各式足衣在战国以前称作"屦"，战国至隋唐时称作
"履"，隋唐以后才统称为"鞋"。在先秦的各式屦中，有一种浅帮、厚木底
的鞋，也就是"舄"。舄是一种有双重鞋底的高级鞋履，在一些祭祀、朝会
的场合穿着。由于参加仪典的人往往要站上许久，所以它的鞋底上层为皮
或帛，以使穿着舒适，下层为木制，可以隔绝湿气，防止泥水沾染丝质的鞋
面，很有实用性。

《诗经·大雅·韩奕》记载西周初年一位韩侯去世，其世子入朝觐见周
天子，接受册封成为新的韩侯，并得到周天子赏赐的整套"命服"："四牡

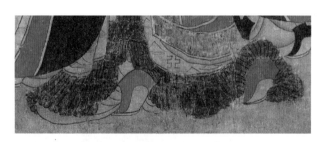

▲ 唐代阎立本绘《历代帝王图》中晋武帝司
马炎脚上所穿赤舄
▶ 南宋马麟（宁宗朝人，生卒不详）绘《夏
禹王立像》中夏禹足上所穿赤舄

奕奕，孔修且张。韩侯入觐，以其介圭，入觐于王。王锡韩侯，淑旂绥章，簟茀错衡，玄衮赤舄，钩膺镂锡，鞹鞃浅幭，鞗革金厄……"诗句中的"玄衮赤舄"，就是在描写周王赐给韩侯的祭服与鞋。

天子所穿的舄有红、白、黑三个颜色，因为冕服纁裳，所以穿冕服时就以赤舄相配。直到明代洪武十六年（1383），将舄的颜色改为黄色，以与当时改为黄色的冕服下裳相配。

舄的鞋头有翘起的饰物，称为"绚"，是以多层丝织物制成的鞋鼻。绚既有挽起垂地的下裳方便行走的实用性，也有象征性的意义，意为穿舄者行走时要足有戒意，不可任意妄行。

带

冕服的腰带可以分成大带和革带两种，而且是在穿着时同时使用的，大带主要用来束衣，革带则用来挂佩各种物件。

大带束腰后，在身前自然下垂的部分叫作"绅"，所以也被称为"绅带"。古人认为系腰带有一种自我约束的寓意，如汉代班固著《白虎通义》称"所以必有绅带，示谨敬自约整"。天子所束的大带以丝制成，宽四寸，系的位置比较高，按照《礼记》的记载是"高于心"。

革带，顾名思义是以皮革制成的腰带，宽约二寸，其作用主要是佩挂蔽膝、珮、绶、剑等物。春秋以前系束革带时，是在革带两端加窄丝绦打结，春秋以后开始流行使用带钩。带钩主要有青铜制和玉制，使得革带的系连更加方便，造型上也有了更多变化。

▲ 敦煌莫高窟第138窟壁画，晚唐末年所绘帝王出行图。画中帝王大带束腰，带下有绅长垂，并且可见大带所系的高度大致在穿着者胸部腋下

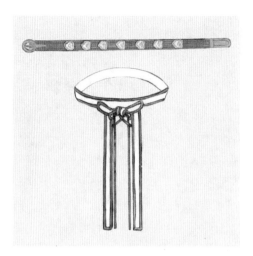

▶ 明代《中东宫冠服》所绘洪武朝冕制的皇帝用革带（上）和大带（下）

▶ 河南辉县战国墓出土的包金嵌琉璃银带钩，长 18.7 厘米

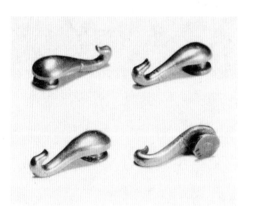

▶ 湖北随州市战国曾侯乙墓出土的金带钩，长约 10 厘米。带钩古称犀毗，起源于西周，最早是胡服所用，类似于今天的皮带扣，起到固定衣带的作用。战国时期，北方民族的服饰风格影响到中原地区，带钩也被中原服装采用。汉代带钩最为流行，而且形制多样，西汉刘安（前 179—前 122）编著的《淮南子》中形容当时宴乐之时宾客"满堂之坐，视钩各异"

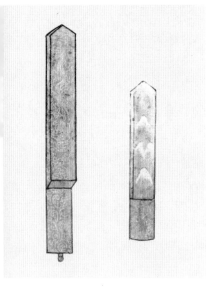

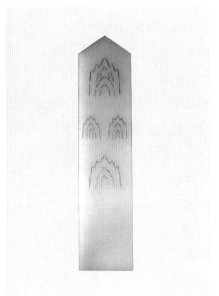

圭

　　圭是一种祭祀活动中使用的长条形玉质礼器，也写作"珪"。先秦时代，圭的主要作用是"示信"的凭证。对周天子而言，在祭天仪典中"天子受瑞于天"意味着天子身份来自上天之命，拥有合法统治的凭据。到秦汉时期，天子印玺制度建立起来，印玺成为承天之命的新凭信，圭逐渐演变为只是穿着礼服时使用的一种礼器。

　　文献中记载的圭有很多种，如大圭、镇圭、桓圭、信圭、躬圭、瑑圭等，各自有着不同的象征意义。其中与冕服相配的是大圭和镇圭，且是唯有天子可用的礼器。大圭长三尺，表面没有任何花纹图案，对此《礼记》解释说，"大圭不琢，美其质也"，以体现礼制中

▲ 明代《中东宫冠服》所绘永乐朝冕制中的玉圭
◀ 明代万历皇帝定陵出土的玉镇圭，圭上刻有描金山纹

以素为贵的观念。镇圭长一尺二寸，因"镇"含有"安四方"的意思，所以在四边以山纹为饰。这两种圭在春分朝日、秋分夕月的时候要同时使用，仪典上将大圭插在大带与革带之间，镇圭就执于手中。

为了体现天子的尊贵与独特，只有天子所用之圭可以用纯玉制作，诸侯所用的圭只能用"似玉之石"。《周礼》载："天子用全，上公用龙，侯用瓒，伯用将。"郑玄解释说"全"就是指纯玉，"龙""瓒""将"则都是不纯的玉石的名称。玉本就是美石，如何判断纯度呢？古人以重量为依据，认为同样大小，越重就是玉的含量越多，这种朴素的标准倒是符合现代人对玉的密度大于石的科学认知。

珮

中华古文化有着相当丰富的玉器文明根基，早期的玉器不仅是宗教仪典中的礼器，充当天人沟通的媒介，也是代表着"君子如玉"的高级饰品。按照佩挂的方式，佩玉可以分为玉珮和大珮两类，单件的为玉珮，数件一起成串使用的为大珮。冕服上所用的佩玉就属于大珮。既然是一串玉饰，丝织物制成的柔软飘逸的大带肯定承受不住佩玉的重量，因此佩玉就和其他佩件一起系在冕服的革带上。

在佩玉者身体有动作的时候，串编在组玉珮上的玉块就会相互碰撞，发出"将将"之声。周代的贵族们标榜步态，流行身份越高，步子越小，行走越缓慢，这样才显出气度俨然。而所戴佩玉就意在"节步"，只有佩戴者行有节度，才能使佩玉相撞发出的声音清越动听，为其容貌、礼仪增色。

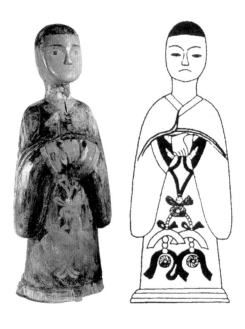

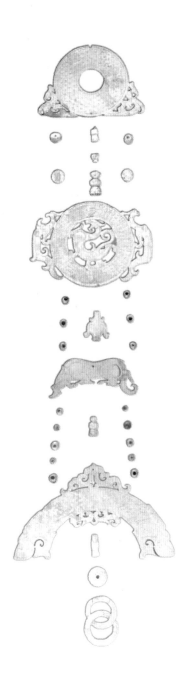

▲ 河南信阳春秋晚期楚墓出土的彩绘木俑及其线描图。春秋战国之际，古礼中标准化的佩玉制度与世俗需要相结合，君子无故玉不去身，盛行佩戴形制较大、组合繁杂的玉珮组合

▶ 广东广州南越王赵眜墓出土的西汉前期组玉珮，由玉、琉璃、煤精珠、金珠等组合而成，规制庞大，设计精巧

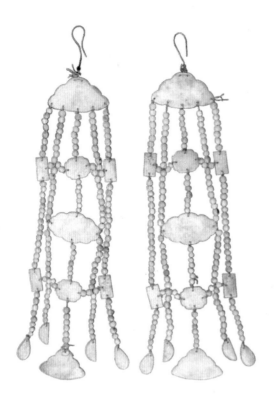

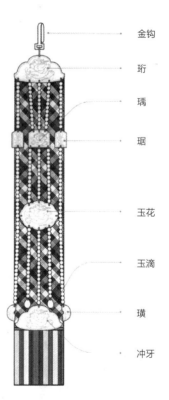

▲ 明定陵出土的万历皇帝佩玉。大珮由珩、瑀、琚、
玉花、玉滴、璜及玉珠等以丝线串连而成，所有
玉片的正面均浅刻云龙纹并描金，其形制继承自
先秦冕服的佩玉形式

▶ 佩玉各部件名称图示

金钩

珩

瑀

琚

玉花

玉滴

璜

冲牙

绶

　　周代的古礼中是没有绶的，绶的使用大概始于秦代。 至汉代的服制
中，佩绶成为一大特点。 汉代官员的绶是和印一同由朝廷颁发，统称为"印
绶"。 待到官员退职或故去时，还要将印和绶一同交还朝廷。 印会收在鞶囊
里挂在腰间，而绶则直接从腰际垂下，直观地展示佩绶者的身份。

▲ 传为唐代吴道子所绘《送子天王图》，根据佛典《瑞应本起经》
　的内容，表现的应是印度净饭王的儿子释迦牟尼出生，净饭王抱
　着儿子去谒见大自在天（湿婆）的情节。 画面中为首的君王戴
　通天冠，身前佩蔽膝，身侧佩绶及组珮；紧随的后妃身侧佩有
　绶，但无佩玉
◀ 明人绘《中东宫冠服》中的洪武年间皇帝的冕服佩绶

剑

两面长刃的短柄随身兵器被称为剑。《说文》曰:
"剑,人所带兵也。"可见在众多冷兵器中,剑是与人的
关系相当亲密的一种。剑始于商代,至东周开始流行起
来,质地初为青铜,后来演进为铁,更加坚硬锋利。从
春秋中期到西汉,贵族们佩用的剑上普遍装饰有玉饰,
如玉首(镶嵌于圆形的剑柄底面上)、玉格(镶嵌于剑柄
与剑身交接处以护手)、玉璲(镶嵌在剑鞘上以便穿带)
和玉珌(镶嵌于剑鞘尾端)。天子冕服的佩剑依照制度,
上部以玉做装饰,下部以"珧"(蚌蛤的贝壳)为装饰。

穿冕服时佩剑,不仅是出于彰显武力的目的,还有
"显其能制断"的寓意。所佩剑的位置一般会在腰际大带
与革带之间,露出上下两端。插剑的位置通常是在身体
的左侧,既可以便于伸右手取剑,又如《春秋繁露》云:
"剑之在左,青龙之象也;刀之在右,白虎之象也。"有
着对应天象的象征意义。

在晋代以前,礼服上的佩剑使用的都是真剑,但从
晋代开始变成了木剑,仍以玉首为饰。由此礼服的佩剑
只剩下了象征性、装饰性的意义,不再能够像秦始皇遇
到荆轲刺杀时那样,用自己所配之剑"遂拔以击荆轲,
断其左股"。

▶ 唐代阎立本《历代帝王图》所绘隋
文帝杨坚冕服像所佩剑具

冕服之十二章

自东汉永平冕制起，天子冕服上的服章确定为十二种，统称"十二章"，通常指的是日、月、星辰、山、龙、华虫、火、宗彝、藻、粉米、黼、黻。为什么天子服章要用这十二种呢？

在中国古代传统文化中，"十二"是一个被概念化的数字，被称为"天之大数"。《左传·哀公七年》记："周之王也，制礼，上物不过十二，以为天之大数也。"这个"天之大数"与古人对自然的认识密切相关。在古代天文学中，一岁之中日、月十二次交会于东方，于是一年分为十二个月（闰年为十三个月）；岁星（木星）十二年移动一周天，于是十二年为一周期。祭祀本就是一种追求天人沟通的活动，因此天子除大裘冕的冕冠最为特别，是无旒的之外，衮冕前后各用十二旒，每一条旒穿十二颗五彩玉珠；鷩冕各九旒，毳冕各七旒，希冕各五旒，玄冕各三旒，每旒都用五彩玉十二颗，以上应天意。衣裳上刺绣的章纹也是日、月、星辰等十二种，并称为"十二章"。

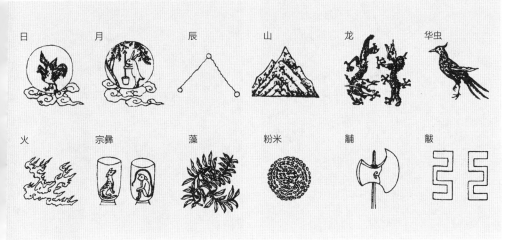

▲ 明代《三才图会》中的十二章纹

日、月、星辰

太阳、月亮、星辰都是令先民敬畏的自然崇拜之物，用在冕服上取其明亮之意。作为服章的圆日，其中通常有鸟形纹，来源于日中有三足金乌鸟的传说；而月形中则常绘有兔子、蟾蜍或桂树，来源于后羿的妻子嫦娥奔月的传说。上古时，对鸟和蛙的崇拜起源很早，新石器时代的仰韶文化陶器上就绘有日纹、鸟纹、蛙纹。且在图像资料中可见，日、月章纹都是左肩为日，右肩为月，正与阴阳思想中左阳右阴的观念相合。

"星辰"二字在今天统指漫天繁星，而古人多以"星"特指北斗，"辰"则是日、月、星三者的统称。因为日、月、星是王朝更定历法、令百姓依

▲ 湖南长沙马王堆三号汉墓出土的T形帛画中的日（左）、月（右）图像。在汉代人的瑰丽想象中，太阳为圆形红色，停在扶桑树上，内有代表日的神鸟金乌；月亮弯弯，伴有代表月精的蟾蜍和玉兔

▲ 四川崇礼出土的东汉画像砖，绘有伏羲、女娲手托日、月，日中有金乌鸟，月中有月桂树与蟾蜍

▲ 敦煌莫高窟第61窟壁画，为五代宋初所绘，群臣簇拥着赴会听法的帝王，帝王身穿衮服，大袖与蔽膝上都绣有花纹，左右双肩分别有日、月两章

▲ 甘肃出土的庙底沟类型彩陶盆上的流星
纹，记录了先民对夜空星象的观察

▲ 唐阎立本《历代帝王图》所绘晋武帝司马炎，下
裳有呈三角形连缀三星的"星辰"章纹，是目前
可见的最早的星辰章纹图像资料

时而动的依据，所以称之为辰，具有
时间、空间交会的意义。北齐颜之推
《颜氏家训》云："天为积气，地为积
块，日为阳精，月为阴精，星为万物
之精，儒家所安也。"正因为日、月、
星辰代表的是天象，所以无论是使用
在乘舆旗帜上，还是衮服衣裳上，都
只是"天子"专用。

▶ 明代《中东宫冠服》所绘永乐朝
冕制中的天子衮衣（上）与太子
衮衣（下）。天子衮衣领后星辰
服章为五彩圆点样式，两肩还分
饰日、月，太子衮衣则没有资格
使用此日、月、星辰三章

山

　　服章"山"的纹样是写实的山形。古代对山的崇拜起源很早，因为在进入农耕社会以前，先民是以狩猎、采集为生的，而山林中出产的树木植被、飞禽走兽，是人们赖以生活的资源，自然受到先民的崇敬。平原农业发展以后，对山神的崇拜还是保留了下来，民间信仰中山神或可以降妖魔，或可以兴风雨。又因为古人认为高耸入云的山峰是登天之道，所以历代皇帝都以祭祀名山大川为重要的仪典。赴泰山顶积土为坛、增泰山之高以祭天，更成为治天下太平、向上天昭告功绩的大事。

▲ 左：新石器时代大汶口文化（约前4040—前2240）陶罐上的日、月、山刻纹，代表着古人对自然界的抽象描绘和原始崇拜。中：明代万历朝皇帝衮服上所绣山纹。右：清中期皇帝朝袍上所绣的山纹。历经数千年演变，山纹图样的基本轮廓并无太大的变化

龙

　　龙起源于原始社会的图腾崇拜，是神话传说中的动物，在现实中并没有
实在的样子。从某种意义上来说，它是中华民族的祖先神。早在新石器时
代仰韶文化（距今约 7000 年至 5000 年）的墓葬中，就发现有用蚌壳堆塑
而成的龙的形象，说明对龙的崇拜至少在当时就已经存在了。

　　先民想象中的龙的形象究竟来源于什么？有人提出龙即蛇，因为古籍中
有许多龙蛇并称、蛇化为龙的记述，如"龙蛇之蛰，以存身也"（《周易》）；
"深山大泽，实生龙蛇"（《左传》）；"蛇化为龙，不变其文"（《史记》）。甚

▲ 河南濮阳西水坡仰韶文化大墓（距今 6460 年）发掘的以白蚌壳摆塑的龙、虎形（展厅复原图），龙长
　 1.78 米，被称为"中华第一龙"。龙形头北面东，虎形头北面西，恰与古天文四象中的东宫苍龙、西
　 宫白虎相符合

左：敦煌莫高窟唐代壁画所绘于阗国王供养像，衮服衣袖上绘有龙首在上、作飞腾向天状的升龙纹。中：宋代马麟《夏禹王立像》中衮服衣袖上也绘有升龙纹。右：明代万历皇帝十二章衮服前襟所绣的团龙纹

至在不同文献中，对相同的神灵也会出现不同的说法，有的称之为"蛇身"，有的称之为"龙身"。如轩辕黄帝，《山海经》描述"轩辕之国，人面蛇身"，而《说郛》说他"龙身而人头"，可见蛇和龙的相近关系。此外，也有人认为龙的形象来自于鳄鱼。《本草纲目》集解中说："鼍，形如龙，声甚可畏，长一丈者，能吐气成云致雨。"鼍就是今天所说的扬子鳄，俗名"土龙""猪婆龙"。《西游记》中还有一条鼍龙是西海龙王的外甥，可见鼍和龙被看作同类动物。鼍和同为鳄类的"蛟"都是体型庞大、性情凶残的爬行动物，古人可能因为畏惧，而将其神话加工成了龙。

先秦时代，从册命金文和文献中记载的天子穿着"衮衣"（绣有龙的礼服）来看，龙显然是其中相对较为高贵的服章。龙以姿态而论，又可以分为正龙、行龙、升龙、降龙等各种样式，代表着更加细致的等级划分。

华虫

华虫也称赤鷩，即雉鸡，是有五彩羽毛的鸟。雉在古代有高贵祥瑞之意，所以汉高祖吕后名雉；《尚书大传》记载周公致礼作乐、天下太平的时候，周朝南方有小国越裳向周公进献代表祥瑞的白雉；唐代诗人李峤诗《雉》云，"白雉振朝声，飞来表太平"，可见雉在古人心目中是代表神圣之物。

在冕服上施以华虫纹，是取其有文采之意。唐代杨炯仪凤二年（677）作《公卿以下冕服议》曰："华虫者，雉也。雉身被五彩，象圣王体兼文明也。"华虫服章又象征着穿着冕服之人的仁德。

▲ 清代嘉庆皇帝（1796—1820年间在位）十二章朝服上所绣的华虫纹

火

　　火的使用曾大大推进了人类社会的进步，冕服上采用火纹，是取其明亮之意。"火"字在古代是一个极具象形特征的文字，《说文解字》解释火字为："南方之行，炎而上。象形。"因此，最初冕服上的火纹被认为所绣的就是"火"字。

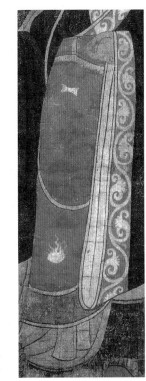

▶左：唐代阎立本所绘《历代帝王图》中吴主孙权的冕服蔽膝上的火纹。　右上：明代万历皇帝十二章衮服上所绣火纹，火纹的主体被以圆形或桃形的线框围绕起来，是明代火纹的特征。　右下：清同治皇帝龙袍上所绣火纹

▲ 明代万历皇帝十二章衮服上所绣宗彝纹，纹样是两个杯状物，其上分别有　　　　▲ 清代乾隆皇帝十二章龙袍上所绣宗彝纹
　长尾猴和虎纹饰

宗彝

　　"彝"是先秦时祭祀所用盛酒礼器的总称。根据《周礼·春官·司尊彝》记载，彝共有六种，分别是鸡彝、鸟彝、斝彝、黄彝、虎彝、蜼彝。"蜼"是类似于长尾猴的走兽，虎彝和蜼彝是在宗庙祭祀先祖时所用的酒尊，也被合称为"宗彝"。因为服章只选用了六彝中的虎、蜼两种彝尊，所以后代有儒生提出，这两种彝应当是起始年代最为古老的祭器，出现时间要早于夏代的鸡彝、殷商的斝彝和周代的黄彝，是虞舜部族时代以前就有的祭器样式。

　　古人相信虎有猛力，蜼能避害，以宗彝为冕服章纹，是取其敬重先祖、庇佑后人之意。冕服上的宗彝纹最早是直接描绘虎和蜼的图案的，虎为行走状，蜼为坐状；后来演变为以杯形祭器形状为轮廓，再于杯壁上绣虎和蜼的图纹。

藻

　　藻即水草，因叶面上有天然的纹理图案，古人称其"有文"，和华虫的五彩纹理一样受到喜爱。将藻纹用在冕服上，除了取其有花纹之意外，还因其洁净清新，《礼记·王制》孔疏曰："藻者，取其洁清有文。"

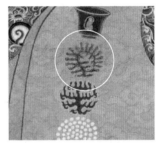

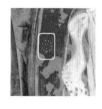

◀ 左上：敦煌莫高窟第 220 窟初唐壁画中帝王衮服上的粉米纹。左下：明王圻《三才图会》所载冕服十二章中的粉米纹。右：清代同治皇帝刺绣龙袍上十二章中的粉米纹

粉米

　　粉米是形状如白米的装饰图样。《周礼·春官·司服》贾疏曰："粉米共为一章，取其洁，亦取养人。"在以农耕为本的古代中国，米是传统饮食中最重要的主食。从考古发现来看，至迟在距今六七千年以前，中国就已形成在长江流域以稻类作物为主、黄河流域以粟类作物为主的农业类型。北齐颜之推（531—约 591）《颜氏家训》言："夫食为民天，民非食不生矣，三日不粒，父子不能相存。"可见米对国计民生的重要性。因而每年的皇帝亲耕、皇后亲蚕都是国家必不可少的大典，既显示了国家对农事的重视，也表达着君王期冀风调雨顺、衣食无忧的愿望。

　　因为米粒细小难辨，所以粉米服章描绘的是众多米粒汇聚堆积在一起的样子。

黼

黼就是用黑白线纹表现的斧，刃白身黑。斧是兵器，也是权力的象征，斧字的甲骨文字形就是一只手抓住一柄石斧的样子。上古时候，斧是生产工具和治家的刑具；当王权、君权产生之后，斧又逐渐成为统治权力的象征和仪典时使用的礼器。将斧纹用在冕服上，象征着君王有遇事决断的权力，也象征着皇权的杀伐决断。

◀ 新石器时代仰韶文化（前 5000—前 3000）出土的鹳鱼石斧图彩绘陶缸，现藏于中国国家博物馆。这件陶缸可能是氏族首领的葬具，白鹳应该是本氏族的图腾，鱼是敌对氏族的图腾，所以白鹳将鱼衔于口中，一旁的石斧则是氏族首领权力的象征

◀ 左：唐代阎立本《历代帝王图》
吴主孙权像所着衮服身前蔽膝
有白色黼纹，但只有刃和身而无
柄。右：明代万历皇帝十二章
服上的黼纹。

▼ 清代同治皇帝刺绣龙袍上十二章
的黼纹

黻

　　黻既指蔽膝，通"韨"；也指绶带，通"绂"；还指青黑相间的"亞"形图案，也就是十二章中的黻纹。"亞"形图案是由"已"字演变而来，在冕服上以青、黑线刺绣为两个相背的"已"字。在冕服上施以黻纹，含有背恶向善、君以道御下、臣以道事君之意。将黼、黻纹用在衣裳上由来已久，据说在黄帝时就开始使用黼、黻纹了。

　　在冕服的十二章中，除了黻纹之外，其他十一种纹样都有对应的物质实体，即便是虚构的龙，也有其形象的现实来源。而黻的特别之处在于，它是冕服章纹中唯一一种抽象的几何图案。

明代万历皇帝十二章衮服上的黻纹

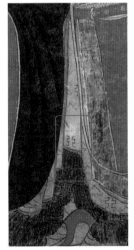

左：唐代阎立本《历代帝王图》中晋武帝司马炎的衮服下裳和蔽膝上有多处装饰黻纹。右：清代同治皇帝十二章龙袍上的黻纹

十二章的历代沿革

"十二章"的最早出处并非《周礼》，而是《尚书·益稷》记录虞舜所言："予欲观古人之象，日、月、星辰、山、龙、华虫，作会；宗彝、藻、火、粉米、黼、黻，絺绣。以五采彰施于五色，作服，汝明。"这篇古书的成书年代可能在战国初，距离西周初年也已经有六百年了，更别说夏朝以前的上古时代了，所以其中记述的"古人之象"究竟是不是上古所用服章，是很值得怀疑的。

从考古材料看，商周时代服饰上的装饰纹样确实已经有了龙纹、黻纹、鸟纹、日纹等，但在一件衣裳上大多只有单种图样，并没一身穿十二服章的记载。从文献记载看，先秦的贵族阶层衣裳上是有纹饰的，并且纹饰的种类体现冕服等级的高低，但也没有提到所谓的"十二章"。

至成书于战国晚期的《周礼》，其中记载周代服章数目是九、七、五三等，而不是十二。九章为自龙以下的服章，少了日、月、星辰三章，因为这三章在祭祀典仪中已经被用在旌旗上，在冕服上就不用重复出现了。而东汉明帝复兴冕制时，显然比较喜欢十二这个天之大数，就又把日、月、星辰三章放回了衮服上。虽然此后中国历代冕服服章略有出入，但天子用十二章的基调至此就确立下来，至清代仍在使用。

晋代，有学者假托西汉孔安国的名义作《尚书孔氏传》，提出宗彝不应是一个服章，而是说冕服上用的山、龙等章纹，也被画在祭祀"宗"庙使用的"彝"器（酒器）上。而华虫、粉米应当拆为华、虫、粉、米四章，华是草本的花朵，虫是雉鸡，粉是粟冰，米是聚米，这样算起来冕服就一共有了"十三章"。这种对十二章的解释也曾流行一时，《晋书·舆服志》《宋书·礼志》《南齐书·舆服志》里所记十二章都是没有宗彝，而华、虫是分列的。南朝梁武帝萧衍（502—549年间在位）时，才又将宗彝加了回来。为了保持十二的总数不变，本应将华、虫合为一章的，然而织造部门所制的冕服下裳上仍有"圆花"，掌祭祀的太常丞王僧崇看到后觉得那花不合典制，大概是画师擅自加上的，奏请梁武帝下旨删去。可是梁武帝却表示《周礼》注疏里就说"华"是花的意思，冕服的服章就是应该有花呀！想来小小画师怎么敢擅作主张在皇帝的冕服上加服章呢？多半还是遵从皇帝自己的意思吧。直到宋代，《文献通考》载宋徽宗大观二年（1108）仍在祭服上保留了圆花："今祭服上衣以青，其绣于裳者藻及粉米，皆五色圆花藉之。"为藻和粉米服章加上了一个五色圆花的底纹。虽然这时的花已经不是单独的章纹，但皇帝们对艳丽美观的花朵图案还是情有独钟的。

隋代上承北周，下启李唐，隋文帝开皇初年（581）所定冕制上溯《周礼》，又掀起了一轮"服周之冕"的复古大潮。开皇冕制将日、月、星辰三章从冕服上拿掉，移到祭旗上，定皇帝衮冕为九章十二旒。可是又觉得皇帝衮冕九章十二旒和三公的九章九旒不好区分了，于是学着北周冕制搞了一种叫作"重等"的小手段。所谓"重等"，就是把冕服上的某几章重复使用，绣成两个而不是一个，来补足"十二章"之数。《隋书·礼仪志》记载皇帝服章是九种，但宗彝、黼、黻三章各有两个，服章个数加起来还是十二个。

到了隋炀帝大业年间（605—618），君臣探讨服制，内使侍郎虞世基（？—618）提出天子衮服只有九章，与三公相同，不合皇帝的身份，如果以"重等"之法加为十二章，又没有典籍依据，不合礼法。不如不要墨守周礼，径直把日、月、星辰三章加回到衮服上去吧，反正天子承天之德，穿上这三章也并无不妥。于是隋炀帝朝的冕服就把日、月、星辰三章又分别画回肩上和后领下，形成了肩挑日月、背负星辰之势。可是在说天子衮服章数的时候，却还把日月星三章另算一组，仍然只说衣五章、裳四章，共是九章。

隋代对服章还做出了一种影响后世的创新，叫作"重章"。也是在隋炀帝时候，虞世基建议衮服上"又山龙九物，各重行十二"，即除了日、月、星三个纹样各是一个之外，其他九种章纹每种一列，共九列，每列同一个服章重绘十二次，就有了108个服章，排列成一个"方阵"。

这种将服章重复排列的方法听起来匪夷所思，但实际上却在隋代以后的冕服发展史上一直被使用着。如《新唐书·车服志》载唐代的十二章："自山、龙以下，每章一行为等，每行十二。"宋、辽、金、元、明各朝正史中也都记载冕服的服章是施行"重章"之法的。

至清代，顺治九年（1652）颁布的《服色肩舆条例》，终结了流传千余年的汉式冠冕制度。清朝的冠服制度以满族的传统服饰为基础，清初的朝袍上只见龙，辅以珠、云、海水江崖等纹样，而没有了有体系、分等级的十二章。

至雍正朝，本着以满族服饰形制为体，以汉家章纹装饰为用的理念，十二章开始被重新用在皇帝的龙袍上，排列形式为左右同章。到乾隆朝，将十二章的排列形式改成了左右异章，服章不再对称出现。自乾隆朝以后，清代诸帝的朝服、吉服都依乾隆皇帝所定形制加饰十二章。

▶ 清人恽敬作《大云山☐☐十二章图说》，其中有☐裳"重章"的示意图，可以形象地看到服章在上☐与下裳上的列阵式分布

▶ 清雍正皇帝云龙十二章☐袍，十二章纹的排列形式☐为左右同章的对称形制

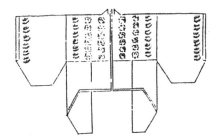

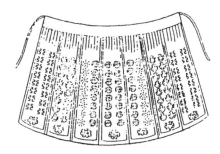

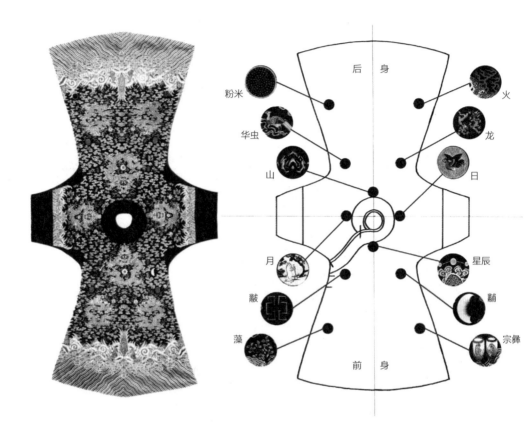

后 身

粉米

华虫

山

月

黻

藻

前 身

火

龙

日

星辰

黼

宗彝

▲ 清乾隆皇帝石青地云龙十二章海水江崖纹龙袍料、十二章布局，现藏于法国亚洲纺织品研究中心。可见十二章在乾隆龙袍上的完整展现：日、月两章分别在两肩上，星辰纹在前领口，山纹在后领口，黼、黻、藻、宗彝四章在前身，龙、华虫、火、粉米四章在后片。虽然十二服章一章不缺，纹样也与前明相似，但尺寸变得很小，夹杂在显要的云龙、海水江崖纹饰之间，不仔细观察都不易发现

▲ 十二章纹特写

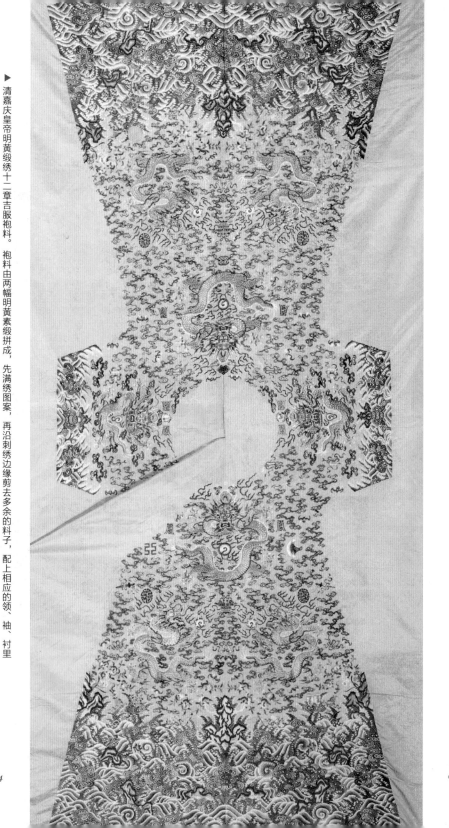

▶清嘉庆皇帝明黄缎绣十二章吉服袍料。袍料由两幅明黄素缎拼成，先满绣图案，再沿刺绣边缘剪去多余的料子，配上相应的领、袖、衬里制成龙袍。有趣的是，这件料子上除了绣有「十二章」之外，同时还有「暗八仙」纹样，即神话传说中八仙所用的八件法器，分别是葫芦、扇子、宝剑、花篮、玉板、鱼鼓、洞箫和莲叶。「十二章」是儒家服章，「暗八仙」是道家纹样，两者共冶一炉，既生动体现了清代「拿来主义」的服饰风格，也说明「十二章」在清代已失去了儒学服制中的超然地位

▲刺绣「暗八仙」文羊囬方，图中分别为花篮、玉板、葫芦、扇子、宝剑

大裘冕的兴衰故事

　　只有在皇帝本人的衮服上，才可以使用全部十二种服章，换言之，服章的数目越多，冕服的等级就越高。可是，作为最高等级的冕服，"大裘冕"上面却一种服章也没有，而且与之相配的冕冠上也没有垂旒，呈现简洁素净之态。这又是为什么呢？

　　裘衣即是以动物皮毛制成的衣物，因为保暖性能好，从先秦以来就是常见的服装材质。《礼记》中记载有种类繁多的裘衣：羊羔皮的"羊裘"、鹿皮的"鹿裘"、幼鹿皮的"麛裘"、虎皮的"虎裘"、狼皮的"狼裘"、羊羔皮和"狐白"混制成黑白相间的"黼裘"，等等。皮质上好的裘衣轻而暖，是只有贵族才能穿用的高档服装，如以狐皮为诸侯所制的"狐裘"、为天子收集狐腋下白色毛皮制成的"狐白裘"。这些高等级的皮毛，普通人就算偶尔得到也不可以自己使用，而要进献给贵族，如《诗经》记载："取彼狐狸，为公子裘。"《论语》中记载子路说自己的理想是："愿车马衣轻裘，与朋友共，敝之而无憾。"由此可见一袭裘衣所代表的理想生活。

▲ 历代绘画作品中，常见帝王贵胄穿着裘衣的图像。
左：北齐徐显秀（502—571）墓室北壁壁画宴饮
图中所绘墓主人。右：唐代阎立本《历代帝王图》
所绘陈文帝（560—566）

◀ 故宫博物院藏《元世祖出猎图》所绘忽必烈
（1215—1294）

《周礼》说天子有六等冕制，其中第一等就是大裘冕，天子要穿着大裘冕主持最隆重的祭祀上天、五帝的仪典。可是大裘冕究竟是什么样子的？《周礼》却语焉不详。后世大裘冕的样式与使用方式，实际上是在儒生们复兴周礼冕制的时候，重新解读和阐释的一套理论。

东汉郑玄最早提出大裘冕是一种无旒无章的冕服，所用材质为黑羊皮。为什么无旒无章？因为依照周礼学说，礼制中既有以纹饰多为贵重的原则，也另有"以素为贵"的时候。如《周礼》讲祭祀先王时可以使用玉爵，但最高等级的祭天仪典就不可以用玉爵；王后、太子日常所吃的肉要经过"煎和"烹调使之入味，但祭祀时所用的肉就不用煎和了。这些都是祭祀仪典上"尚质"的表现。大裘冕被认定为无旒无章的样子，目的也是彰显其简洁、质朴、古老的特质。《礼记》中虽然没有直接记载大裘冕，但也有推崇质朴的文辞："有以素为贵者，至敬无文，父党无容，大圭不琢，大羹不和……此以素为贵也。"这段话中的"至敬无文"，被认为说的就是无章的大裘冕，说明在古礼中，越崇高的祭祀越是崇尚

▲ 宋代聂崇义《三礼图》中所绘的大裘冕（左）与衮冕（右），两相比较，"质"与"文"的视觉差异非常明显

简素。

但是儒学典籍中的复古情怀是否能在现实中得到认可呢？答案却是未必。站在秦汉以后皇帝们的角度来审视大裘冕，这种号称传自上古三代的礼服怎么看都没有一点奢华、堂皇的样子，如何可以彰显出帝王的尊贵、帝国的强盛呢？

在经历了秦与西汉那两百多年废止六冕制度的年代之后，东汉明帝颁行的永平冕制，对古礼所持的就是裁剪拼合、为我所用的态度，根本没有理会大裘冕的事情。永平冕制规定，天子祭天时要穿十二旒十二章的衮冕，以最多的章纹表现对上天最高的敬意。

汉末魏晋南北朝时期，帝国解体、社会动荡，在政权并立、相持不下的政治格局之下，统治者们以礼制标榜正统，争取文化号召力，反而让礼学复古的呼声和需求更加高涨。江左、山东和关中三方政权为了争取统一中国的机会，都以"制礼作乐"标榜自己是"中华正统"，使得周礼复古繁盛一时。史载，南朝梁武帝依据郑玄解释的《周礼》使用无章、无旒的大裘冕，很可能是中国历史上第一位依照《周礼》穿戴大裘冕的皇帝。

唐代重新统一了中国，也从北周、隋继承了冕服制度。初唐时候百废待兴，又正是一波儒生复兴古礼的热潮。高祖李渊的《武德令》、太宗李世民的《贞观礼》中，就参照郑玄所注《周礼》让天子在不同的祭祀场合分别穿着六冕，其中也包括了大裘冕。但在高宗朝编纂《显庆礼》时，礼官们又将原本祭天时用的大裘冕改成了章旒齐全的衮冕。永昌元年（689）武则天称"圣母神皇"，并在明堂祭祀中"享万象神宫，改服衮冕，搢大圭，执镇圭"，主持大典，可见此时朴质无华的大裘冕又被弃之不用。

到了唐玄宗开元十一年（723）冬，玄宗要在南郊举行祭天，该穿大裘冕还是衮冕的问题又一次被提了出来。虽然前朝旧例是舍大裘冕而用衮冕，但本朝的制度如何，还是要请本朝皇帝来决定的。于是中书令张说向玄宗上奏请示，说依照《周礼》，皇帝祭祀昊天上帝的时候是要穿质朴的大裘冕的，永徽二年（651）唐高宗祭南郊的时候就是这么穿的；但是高宗显庆年间修礼的时候又改成衮冕了，这也有《礼记·郊特牲》可以作为依据，自武则天以来都是这么穿用的。讲述了一大段前朝渊源以后，张说很谨慎地没有向玄宗直接提出自己的建议，而是继续打太极：选穿大裘冕吧，是遵循古礼；选穿衮冕吧，是凸显帝王之尊，反正怎么选都不错，还是把决定权交给皇帝本人吧！更体贴的是，张说除了纸面上的奏陈之外，还本着"耳听为虚眼见为实"的道理，提前准备了大裘冕和衮冕各一套，进呈到玄宗御前，让皇上挑选。果然，玄宗一看实物，很容易就做出决定：大裘冕无旒无章过于质朴，他不喜欢，从此就废弃不用了吧。元旦日的朝会、祭祀昊天的大典，都是要显示天子威仪的场合，章旒齐全的衮冕才最合适！自玄宗以后，唐代的诸位皇帝就都没有再穿过大裘冕了。

在宋初，《周礼》"祀昊天上帝，则服大裘而冕"的说法又一度打动了想要标榜古礼、号召士人的宋太祖赵匡胤，大裘冕再次被启用。先是太祖建隆二年（961）博士聂崇义向朝廷进《三礼图》，仿虞、周、汉、唐旧制，详定六冕之图，其中大裘冕就是无章无旒的形制。然后乾德元年（963）十一月的《南郊赦文》记载，经过儒生们检索经书、考究古制，宋太祖在祭天仪典中实际启用了大裘冕。然而到了宋太宗时，大裘冕又遭变故。太宗太平兴国六年（981）十一月举行祭天仪典，但《南郊赦文》称太宗皇帝"被衮冕以降圆坛"，又不用大裘冕而改穿衮冕了。

其实由李唐、五代再到赵宋，各种冠冕都在日趋繁缛，尊君、实用和追

▶ 敦煌莫高窟第98窟五代壁画《于阗国王李圣天供养像》。国王身着衮冕，衣裳上可见日、月、龙、黻等服章。其冕冠高耸繁复、珠翠满盈，正可以与《宋史·舆服志》所记载的承袭自五代的宋初冕冠样式互为参照，为宋代「珍异巧缛，前世所未尝有」的冕服形制做出形象的诠释

求华美的倾向更加明显，已经成为冕服变迁的主导。例如，《宋史·舆服志》记载宋初的冕冠承袭五代奢华之风，上面装饰有珍珠串制的前后各十二旒、翠玉串制的另十二旒；冕板上再饰以玉制七星、二十四个琥珀瓶、二十四个犀牛角瓶；冕冠四周还缀有金丝网，网上再挂若干珍珠、玉石……简直奢华繁复到无以复加。陆游《家世旧闻》中还有更生动的例子，记载宋徽宗要行郊祭之礼，内侍建议做个黄金匣子来装大裘冕，需要花费数百两。儒臣们表示反对，认为举行郊祭已经花销甚大，没有必要再在这种无谓的地方增加花费。宋徽宗想要这个华丽的匣子，却又担心群臣非议，于是先礼貌性地征询工部尚书的意见，希望得到臣下的支持，没想到却被当面批驳："大裘尚质，诚不当加饰。"徽宗听了恼羞成怒，直说不让做就算了，受不了臣下拿这些古礼来怼他！上有所好，下必甚焉，宋代负责制造冕服的官员们自然奉迎皇帝的喜好，崇奢的趋势已经再难逆转，大裘冕代表的"以素为贵"的时代怕是再也回不去了。

可是皇帝也不能一味放纵自己的喜恶，他们还有标榜复古以示正统、择善而从以笼络儒生的需求。大裘冕象征着应当得到尊崇的古礼，穿则心有不甘，不穿又心有不安，那能不能有个两全其美的法子呢？

办法不是没有，宋太祖定《开宝通礼》时就从唐代《开元礼》学到了一个：脱衮服裘。因为东汉郑玄注《周礼》的时候就提出祭礼可以分成斋戒和临祭两个阶段，并且佩戴不同的冕冠，斋戒时的冕冠应当比临祭时的冕冠低一等。因此皇帝就可以先在斋戒的时候穿衮冕，等到要临坛祭天的时候再把衮冕脱下来，换上大裘冕。这样在一次祭礼过程中就可以两冕并用，似乎皆大欢喜。《宋史·舆服志》记载宋神宗元丰四年（1081），神宗在祭天仪典的整个准备过程中，出皇城、赴行宫，直到仪典当天都一直盛装穿衮

▲ 山西芮城县元代永乐宫壁画中的南极长生大帝。虽是神话人物，但民间画师参照人间帝王的服制为他绘制了冕服，左肩袖上可见日、山服章，头戴冕冠，冠部金玉装饰繁复，前后各十二垂旒，每旒各十二彩玉珠，腰间革带缀满金玉饰件，大概表现的是在画师的经验和想象中帝王冕服形制可以达到的最华丽的样子

冕，仅仅在登上祭坛那一会儿，才换上外观质朴的大裘冕，以示效法"天道至质"。

可是即便这样，皇帝似乎还是心有不甘，这质朴的大裘冕用起来总是让人不那么如意，还有没有更符合皇帝喜好的冕服方案呢？当然是有的。北宋人陈祥道提出了这么一种解决方案：天子在祭天的时候，把大裘冕穿在里面，象征"内质"；把衮冕穿在外面，显露出十二旒、十二章象征"外文"。天子可以两件都穿，也两件都不脱，正可谓是"内质外文"。在那"脱衮服裘"的方案里，大裘冕总还有展示在人前的机会，而"以衮袭裘"就根本看不见大裘冕了，穿与不穿，还有什么区别呢？可就是这样一种欲盖弥彰的礼制"创新"，居然得到了南宋至明代众多儒士的赞许，称之"可谓合先王之法服矣"（清人秦蕙田《五礼通考》）。自此以后，大裘冕再也没有机会在祭祀仪典中脱离衮服，单独展现出它"以质为美"的风采了。

如王之服的变迁

孔子认为冠冕制度不仅事关"为邦之道",而且关系着"为人之道",主张"生今之世,志古之道,居今之俗,服古之服"(《荀子》),只有如此才能实现治世与仁人。这里的"古",指的就是夏、商、西周时代的早期中国。上古"三代"是历代儒生心目中的"理想国",是一个值得不懈追寻的梦想。汉代儒生们以实际行动梳理典籍、构建六冕之制,为的就是重塑那个理想中的"三代"治世。

然而实际上,不论儒生们追行周礼的信念有多么坚决,历史的发展从夏商周的"王国"时代演进到了秦汉"帝国"时代,时代不同了,社会秩序、等级结构也都发生了巨大的变化,原本周礼那一套冕服制度真的还可以复兴再现吗?

周朝实行分封制,以及与之相应的等级君主制、等级祭祀制。在"等级君主制"中,天子与公侯伯子男诸爵没有本质的区别,不过是一级高于公侯的爵位而已。当时人称天子是"君",君的本意就是有封地的贵族。除了天子之外,诸侯有封国,卿大夫有采邑,他们在天子面前是"臣",回到自己的封国、采邑之内,也都是"君",只不过是等级较低的君而已。在"等级祭祀制"之下，爵位最高的周王可以进行全部六等祭祀，并穿戴全部六等冕服；等级较低者可以进行的祭祀等级就会逐级减少，如公爵只能从事五等祭祀，并穿戴衮冕以下的五等冕服，侯、伯可从事四等祭祀，相应的可服鷩冕以下四等冕服，再下，子、男可祭祀及服三等，孤二等，卿大夫仅一等。等级较低的祭祀者虽然可祭祀的等级较少，可穿的冕服种类也较少，但他们在从事自己身份之内的某等级祭祀时，所穿的该等级冕服与周王在从事该等级祭祀时所穿戴的是一样的。他们也是自己封土之内的"君"，如《周礼》所言，他们的冕服是可以"如王之服"的。这个"如王之服"存在的基础，就是周王朝的"等级君主制"。

但到秦皇、汉武以后，帝国建制中的君臣关系发生了深刻的变化。虽然各时期中央集权的强度会因政治时局和帝王权威而有所增减，但总体而言中央集权是在不断加强的，那"如王之服"的六冕礼制，高高在上的皇帝还愿意与低伏在下的臣属们共享吗？

东汉至魏晋

复兴冕制之初，东汉孝明帝的服制改革并没有全面地复兴周礼冕制，冕服的使用仅限于祭祀天地、宗庙，其他祭祀仪典，如五岳、四渎、山川、社稷，都还是用西汉延续下来的"袀玄长冠"；天子的"六冕"也变成只有"衮冕"一种而已。除天子之外，可以穿冕服的还有三公、九卿和诸侯，区别于天子的十二服章，三公、诸侯可以用九章，九卿可以用七章。

汉末群雄四起，政权更迭，魏晋南北朝各政权对冕制的规定各不相同。以魏晋时期而言，魏文帝曹丕时期的祭祀之服被称赞为既"宜如汉制"，又

"一如周礼"。但是正如前文已经讨论过的，冕服汉制并不同于周礼，天子依照周礼服六冕，而汉制仅服衮冕，所以曹魏冕制如果"如汉制"，又如何能够同时"如周礼"呢？这样的赞词，恐怕只能说明曹魏尊崇古礼的态度而已。

魏晋时期冕制的最大特点其实是尊君卑臣。除了皇帝只穿衮服而不服六冕是承袭自汉制之外，汉冕原本是三公诸侯九旒九章、九卿七旒七章的，魏晋减为三公七旒七章，九卿五旒五章，都减了黼、黻两章。元会、朔望等典礼上，依制诸公本要穿着衮服，与皇帝衮服一样服章中都有龙纹，但魏晋的皇帝们大概并不愿意看到臣下穿龙纹，可又碍于这是古礼所定的内容，不好直接发作，于是另想了一个办法，给本应服衮的诸公"加侍官"。所谓"加侍官"就是在本官之外再加一个侍中或散骑常侍之类的号，依制有加官者就要穿加官之服，戴武冠貂蝉，不能再服衮戴冕了。大量的加官，就委婉地限制了可以穿衮服的臣下人数。

▲ 山东沂南东汉墓出土的画像石，上刻跪读祭文的官吏，头戴进贤冠

除了皇帝想要尊君的心理原因之外，魏晋时期还有另外的政治因素，也使降低诸公冕服等级成为必然。我们常说"三公"是冕服等级仅次于皇帝的高级官僚小群体，在东汉时，三公最初为司徒、司马、司空，是掌有实权的宰相，再加上同级的太傅、大将军，居公位者共有五位。而至魏晋，《三国志》载"魏初，三公无事，又希与朝政"，在太傅、大将军之外还加置了太保、大司马，居公位者已有七位了。晋武帝时又加设太宰，居公位者增加到了八人。同时朝廷还有"开府仪同三司"的官衔，很多高级官员获得了"从公"的待遇，如《晋书·职官志》中就记录有至少十九种高级军政官员，都位居"从公"。这骤然增加的一大批一品"公"和"从公"们，如果都穿衮冕，皇帝眼前难免会一片熙熙攘攘的七章七旒。在这样的官职变化背景下，降低"公"的冕制等级待遇，避免衮服名器泛滥，也可以说是理所应当。

　　到了西晋末年永嘉之乱（311）后，衣冠南渡，定都建康（今南京）建立东晋，政局又变了一个样子。由于版图缩小、制度草创，官僚体系严重萎缩，许多公卿大夫都成了闲职，于是官职锐减。以中枢核心尚书省为例，曹魏时尚书省有二十五曹（略相当于今天部委下设各处），西晋时扩为三十五曹，而东晋初年只有十七曹，东晋康帝、穆帝时十八曹，后来又减到了十五曹。同时国家的祭祀仪典也在萎缩，《宋书》记载东晋没有建明堂，又把南北郊祭合二为一，舆服制度也破败不堪，礼仪的缺失一时难以收拾。

　　至于冕制，东晋并不是没有，但也因陋就简，出现许多不合古礼的变化。例如《晋书》记载东晋南渡以后，国库家底都已亏空，要给皇帝重新制备冕服的时候，需要准备冠上的翡翠、珊瑚、玉珠等饰件，可是侍中顾和奏报，串制冕旒本应使用白玉珠的，但因为凑不齐前后共二十四串288颗，请以南方多产的蚌珠（白璇珠）代替，至少仍是纯白一色，好过拼凑些杂色珠子，皇上也只好同意照办了。

这个时期在北方的十六国，"五胡"的君王们也开始学习华夏冕制了。前赵皇帝刘曜封石勒为赵王，同时赐其"出入警跸，冕十有二旒，乘金根车，驾六马，如魏武辅汉故事"（《魏书》）的待遇；后赵的皇帝石虎也曾穿着衮冕至南郊祭天。不过无论前赵（304—329）还是后赵（319—351），都只有皇帝本人或特赐臣下用冕的记录，没有看到群臣服冕的制度。皇帝们对自身的权威总是相当敏感的，前燕慕容儁（319—360）时，有黄门侍郎申胤上疏称太子与诸王都戴远游冠，太子的冠服级别定得过低，没有体现出太子的身份地位，是"礼卑逼下"，建议让太子服衮冕九旒，以示尊贵。但慕容儁却说如果给太子服衮冕、戴九旒冠的话，与皇帝的冕服相似，有僭越的嫌疑，就是"超级逼上"了，于是否定了这个提议（《晋书》）。臣下眼中的"礼卑逼下"和皇帝眼中的"超级逼上"，都说明这些少数民族政权已经有了对华夏礼制的深入了解，他们用冕不仅是学一个样子，而是确实在知晓周礼、研习经学的背景下穿用冕服的。

南北朝

东晋十六国时期的南北分裂，在南北朝时开始趋向民族融合和政治统一，这时包括冠冕在内的"制礼作乐"，就成为体现政权正统性和号召力的大事情，礼制复兴和政治复兴紧密地联系在了一起。南朝的梁武帝萧衍（464—549）大兴礼乐，北朝东魏的权臣高欢（496—547）就深感不安，对人说江东吴地那个叫萧衍的小老儿，专门干些整顿衣冠、制礼作乐的事情，让中原的士大夫们把他奉为正统，实在可恶！可见统治者们对礼乐之事的敏感和看重。

▲ 北魏司马金龙墓出土的画漆屏风《班姬辞辇图》。汉成帝刘骜（前51—前7）是西汉第十二位皇帝，尚在东汉明帝永平冕制之前，并且此图所绘并非祭祀场面，应该是没有戴冕的道理的。画师可能是以对北魏当时皇帝戴冕的认知，绘制了这幅西汉成帝与班婕妤的图像

　　南朝宋、齐、梁、陈几朝对冕制各有增删，除了以《周礼》为楷模之外，"汉制"也成为另一个标杆。大概是因为汉代那强盛而统一的帝国，令南朝皇帝们心向往之吧。齐武帝萧赜（440—493）就曾公开追慕汉武帝，命人画了一张《汉武北伐图》，还因为汉武帝曾在昆明池训练水军，就把建康城的玄武湖也改名为昆明池，在湖中训练水军以备"北伐"。在崇汉的思

想指引下，南朝皇帝们继续加强冕服的"尊君"意味。梁武帝时创新性地把皇帝衮服上的华虫由雉的形象改为凤凰，认为凤凰既可以与衮服上的龙对应，又可以与臣下冕服上的雉区分开来，正可以凸显皇帝的尊贵身份。

北魏自建国之初便开始定立冠冕制度，孝文帝的汉化改革更是复兴儒学，崇尚周礼。特别是从太和十九年（495）开始，下诏三公穿八章的衮冕，太常卿穿六章的鷩冕，从此北朝就不只是皇帝戴冕了。君臣同冕的制度在北齐也有，《隋书·礼仪志》记载北齐武成帝高湛河清年间（562—565）的冕制规定皇帝之冕白珠十二旒十二章，太子之冕白珠九旒九章，公卿之冕以青珠为旒，三公八旒八章，诸卿六旒六章，且只在郊祀天地、宗庙的时候可以穿着。

历史上北魏分裂为东魏、西魏，然后又分别改朝换代为北齐、北周。虽然东魏、北齐地处关东，经济文化相对繁荣，但最终统一北方的却是北周。地处西北一隅的西魏、北周君臣们，在逆境中奋力扭转劣势，在礼制上不仅根据《周礼》全面"复古"，而且还不乏"创新"，创造出一套比《周礼》更加宏大的冕服制度。《周礼》只有六冕，北周引入"五行"因素，设计出苍冕、青冕、朱冕、黄冕等各色冠冕，把皇帝冕服扩充到十冕！

在诸侯与诸臣服冕这件事情上，北周也表现出一种尊周、尚古的劲头。从东汉至北周之前，诸臣一般是按照公、卿职务服冕的，无论公卿数量如何变化，总之有资格戴冕的人数不是很多。而北周改为按照官阶服冕，六品官以上均有资格服冕，服冕的人数大大增加。

《周礼》六冕具有"如王之服"的特点，而北周皇帝的各式冕服中也有五种与诸侯所服之冕重合。如天子可用衮冕、山冕、鷩冕三冕，公同样可用这三冕，侯可以同用后两种，伯可以同用后一种。不过北周天子之冕只与诸侯重合，并不与诸臣重合，因为臣僚所服的火冕以下各冕，天子是不用的。

隋唐

隋文帝统一中国后，在重定祭祀服制的时候，嫌弃北周的冠冕制度不尊古礼乱作创新，故没有袭用北周的天子十冕，而是承袭北齐的服制，天子的冕服向汉制回归，只穿用衮冕，鷩冕以下的各等冕服都抛弃不用。

但等级冕制没有沉寂多久，随着李唐代隋，自南北朝以来的礼制复古之风在初唐又迎来一波高潮。《旧唐书》载唐高祖李渊定武德冕制，皇帝本人恢复了自大裘冕以下的全部六冕，臣下则依品级可以穿戴除大裘冕之外的其他五种冕服。而且皇帝根据仪典等级会逐级降低所穿冕服的等级，臣下却只依品级穿戴冕服而不随仪典等级变化。当皇帝穿衮冕时，皇帝的衮冕是十二旒十二章，与一品官九旒九章的衮冕还是不同的；当皇帝穿鷩冕时，就与二品官同是七旒七章；穿毳冕时，与三品官同是五旒五章；穿希冕时，与四品官同是四旒三章；穿玄冕时，与五品官同是三旒无章。而且在皇帝穿与五品官相同的玄冕时，一、二、三、四品官们还是分别穿着他们的衮冕、鷩冕、毳冕、希冕，都要比皇帝本人穿得高级！这样一种场景，与惯常以为皇帝永远是高高在上的样子差别实在太大了。会出现这种对皇帝大不敬的"如王之服"，大概算是初唐重订制度时的"用力过猛"吧。难得的是高祖和太宗朝就真的依照这样的冕制与臣下同服了，皇帝本人似乎对此也不以为意。

可是初唐几朝皇帝的浑不在意，并不代表对这种情况的默许会一直持续下去。至唐高宗时，对"君臣同服""君臣倒置"的毛病渐渐感到难以接受，于是就有了本章开篇所述的显庆元年（656）长孙无忌、于志宁、许敬宗等一批大臣给高宗的上疏，激动地为皇帝打抱不平，抨击现行冕制"贵贱无分，君臣不别"。经过一番考证、论辩，最终的结果是高宗下令更改冕制，鷩冕以下的诸冕从此就不能再用在皇帝身上，唐初的周礼冕制复兴到此就开始由盛转衰了。至玄宗朝废弃大裘冕，改穿衮冕祭天，唐代皇帝所用的冕服也就只剩下衮冕一种了。

至于臣下也服冕的传统，有唐一代倒是一直保留了下来。而且在唐代，除了祭祀仪典场合以外，其他很多日常仪典上也会服冕，如新皇登基、元旦上朝、皇帝纳后、任命将领出征、班师回朝的庆功宴，等等。总结下来，唐代共有多达四十四种用冕场合，冕服的用途大为扩展了。不仅皇帝纳后可以服衮冕，在唐代官员私人生活中一些重要场合也是可以用冕的，如私祭先祖、婚娶亲迎、子孙冠礼的时候。按照古礼，婚礼亲迎时应当服冕，唐代官员婚礼日去接新娘时就可以依照官品服冕，一品衮冕、二品鷩冕、三品毳冕、四品希冕、五品玄冕。《新唐书》记载有位叫作李齐运的王孙，"晚以妾为妻，具冕服行礼，士人嗤之"，说明亲迎服冕不仅是礼制条文里的规定，现实中官员们在娶妻时也是服冕亲迎的，只是纳妾时不可以使用。不仅官员本人，三品以上职事官及有公爵者，其嫡子成婚也允许使用四品官员所配的希冕。另外官员嫡子成年行冠礼时，也可以服用与父亲官品相应的冕服，如一品官之子服衮冕，二品官之子服鷩冕，直至五品官之子服玄冕。

自唐代皇帝不再穿用鷩冕以下等级的冕服以后，其后历代再没有仿照周礼"君臣通用"的制度执行过全套的六冕，"尊君"和"实用"的标准成为冕制变迁的主流。

在宋代，冕服的使用范围大为缩减，只是用作祭服，在祭祀以外的场合就没有服冕的机会了。在冕的旒数上，之前历代大多是以奇数等级递减，宋代开始将臣下冠冕的旒数确定为偶数。起因是《宋史》载北宋末年宋徽宗大观年间（1107—1110），蔡京的甥婿宇文粹中（？—1139）上奏，对奇数的旒数提出质疑，认为古礼中奇数的旒数是诸侯用的，朝臣不应该用，只能各等减一使用偶数的旒数。另外很多祭祀的场所不在国都而在地方，例如祭祀海岳，这种祭祀通常是由地方官代皇帝进行的，虽然常以郡守比作古诸侯，但宇文粹中特别强调宋代的地方官也只是王臣，不论在朝还是外任，都不可比拟古诸侯的待遇，必须以旒数来表明他们人臣的身份。所以到了南宋，就将公卿士大夫所穿各等级冕服的旒数均减了一串，都从奇数变成偶数了。

诸臣的冕旒都改为偶数了，那正牌的诸侯又如何呢？宋代封爵制度有王正一品，嗣王、郡王、国公从一品，直至开国男从五品，这些王爵拥有者在古礼中也是"君"，不能算作"北面之臣"用偶数冕旒。但宋代只保留了一种奇数冕旒，就是太子的九旒九章之冕，专供太子在助祭时使用，其他的各等级冕服都没有奇数冕旒了。那诸侯们怎么服冕呢？《宋史》中可以看到南宋高宗绍兴年间（1131—1162），皇子邓、庆、恭三王服八旒之冕，使用的也是偶数冕旒的冕冠。至于其他的各等爵，如果没有实际官职，又不在祭祀仪典上有初献、亚献或终献的身份，就根本不再有服冕的资格。在"官

▲▶ 北宋佚名《大驾卤簿图书》（局部），绘制于皇祐五年（1053）至治平二年（1065）之间。卤簿指皇宫仪仗队，宋代卤簿分为四等，"大驾卤簿"为第一等，专用于南郊祭祀大礼。全卷纵 51.4 厘米，横 1481 厘米，详细摹绘了皇帝前往城南青城祭祀天地时的宏大场面。因为绘制此画卷的目的是便于将士官吏参照演练，所以画风写实，其中可见参加祭祀仪典的众多官员的服饰、仪仗，随祭的臣下无人穿冕

本位"愈加浓重的宋代，拥有爵位者已经没有古礼中那种浓重的"封君"身份了。

曾经象征着盛世周礼的群臣祭服，至宋代其地位一落千丈。依照宋代的祭祀服制，群臣祭服变得像今天学校、单位在集体活动时发的制服一样，只在特别场合要求统一穿着，穿完之后便收回去统一存放，下次活动时重新再发。宋代群臣祭服平时由"朝服法物库"统一保管，大典前分发。由于保管不善，经常拿出来要用的时候发现祭服已经损坏了，要修补后才能使用，而群臣领用的时候还要给公差赏赐，官差上下都以此为累。所以每每到了该发祭服之前，掌事的官员就先上书求恩典，请皇帝照例降旨，特免去穿戴祭服的要求了事（《朱子语类》）。即使不得已一定要穿着使用的时候，冕服的形制也常常出现各种错乱不妥之处，如用错了冕板的颜色、旒色、旒数不依古制，服章数量没有用全，或蔽膝、大带穿戴不当，等等。原本君臣上下崇高而精致的冕制，诸臣部分已经破败没落了。

在宋明之间，辽、金、元等少数民族王朝虽然各有民族服饰传统，但在冕服制度上也都不同程度地借鉴、吸纳了华夏舆服。辽代皇帝在本民族的"实里薛衮冠"之外也会穿衮冕十二章；金代皇帝穿衮冕十二旒十二章，另有皇太子九旒九章。但共同之处是，诸臣都不再服冕了。

元代，忽必烈也曾制礼作乐，而且史载"考古昔之制而制服焉"（元人苏天爵编《元文类》），听起来似乎很尊重古礼，但这一番考察之后所制备的服制究竟是怎样的呢？元朝冕制，皇帝衮冕十二旒十二章，皇太子也可以服衮冕九旒九章，除此以外臣下们就没有服冕的资格了。在祭祀大典的时候，助祭诸臣用笼巾貂蝉冠为祭冠，诸执事官分别用貂蝉冠、獬豸冠、七梁冠、六梁冠、五梁冠、四梁冠、三梁冠、二梁冠以区别品级身份，总之都不可

元代的平金七梁冠。孔府家传之物，现藏于曲阜文物管理委员会。冠体平金七梁，以细竹丝编织内胎，里外以黑丝纱包裹，中心顶部有七道骨梁，似诸葛纶巾形状。骨梁、云边，帽口皆用赤金包裹。此冠是元代衍圣公祭孔大典时所戴的礼冠

服冕。《元史》载元文宗至顺年间（1330—1332）曾使用过大裘冕以祭昊天上帝，皇帝之冕无旒，服大裘披衮冕。看来蒙古皇帝对冕冠是否有旒并不看重，反正无论怎样都是皇帝一人独享，明晰的君臣之别才是皇帝最为在意的。

明太祖朱元璋重建了汉族政权，恢复了华夏衣冠服制，号称"诏衣冠如唐制"，但对辽金元时期建立起来的独尊天子的冕制章程却也乐于继承。《明史》载太祖洪武元年（1368）臣下请旨要制五冕，朱元璋却以五冕之礼太过烦琐为由拒绝了，大祭时只服衮冕。洪武二十六年（1393）定制，皇太子在陪祀天地、社稷、宗庙及大朝会、受册、纳妃时服衮冕，九旒九章；亲王服同太子；亲王世子衮冕七旒七章。至永乐皇帝时又加了郡王服冕，七旒五章。山东曲阜明朝鲁王朱檀墓所见九旒冕实物，就是亲王与太子同等服冕的实证。但除了朱家的皇子皇孙以外，诸臣都没有服冕的资格。

明代尊君卑臣的浓重风气还不仅体现在冕制上。朱元璋很不喜欢孟子的"民贵君轻"之说，连带着在洪武五年（1372）还曾

▶ 明代洪武二十二年（1389）亲王九旒冕，山东邹县明鲁王朱檀墓出土。现藏于山东博物馆。冕高18厘米，綖板长49.4厘米，宽23.5厘米。藤篾编制，表面敷罗绢黑漆，镶以金圈、金边。綖板前后各有九条垂旒，每道垂旒上穿赤、白、青、黄、黑五色玉珠九颗

经罢停过一年孟子配享孔庙的待遇。明代继承了元代大臣见皇帝时要行跪拜礼的规定。康有为曾总结："汉制，皇帝为丞相起；晋、六朝及唐，君臣皆坐；唯宋乃立，元乃跪，后世从之。"这个"后世"，自然就是从明代起直至清代。唐及以前的君臣相见之礼，是双方席地而坐，大臣是可以与皇帝"坐而论道"的；宋代变成了君坐臣立；蒙元的政治风气是视臣如奴，臣下必须跪伏奏事；明初君主专制趋于强化，也就顺势继承了蒙元的跪拜之礼，皇室与臣民的身份差别已成天堑。

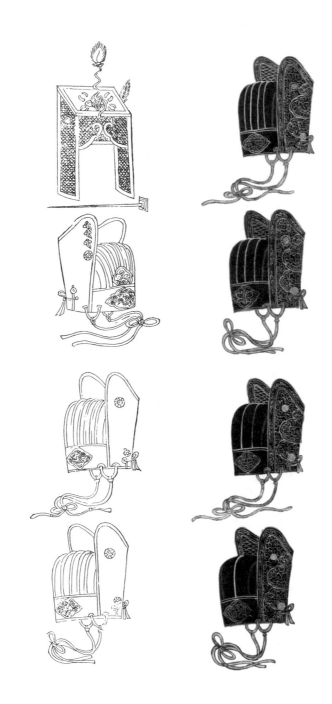

▶ 明人绘《中东宫冠服》中洪武朝群臣朝服冠，可见梁冠的具体形制。由上而下，从左至右，分别是加于梁冠之外的笼巾、七梁冠、六梁冠、五梁冠、四梁冠、三梁冠、二梁冠、一梁冠

尾声

在清代，随着冕制的终结，在祭天仪典上再也看不到玄衣纁裳的章旒衣冠，取而代之的是明黄的龙袍，成为皇帝新的标准服装。最后剩下的冕服遗迹，也只有清代皇帝朝服上并不显眼的十二章纹。

但与此同时，东亚的邻邦日本和朝鲜，地处以中国为辐射中心的儒家文化圈之中，受到华夏衣冠影响，还将冕服继续使用了很长一段时间。

在唐代，冕服传入了日本。文武天皇（697—707年间在位）使用的衮冕，有五色珠玉十二旒，红地的衮龙御衣上饰有日、月、星辰等十二章；皇太子穿衮冕九章，亲王、诸王以下则不能使用冕服。日本的冕服是天皇的专利，冕服的结构和用法远不如唐朝那么复杂。在日本现存的冕服实物中，有皇宫内廷珍藏的一套孝明天皇（1846—1867年间在位）赤色十二章礼服，全套包括冠、上衣、下裳、佩、履，衣裳皆为赤色，在上衣有八章，在下裳有四章。

韩国的冕服使用，也是从公元6世纪之前就已经开始。一直到明代之前，高丽的冕服制度都与中国早期冕制相似，是"如王之服"，是君臣同用的。1368年朱元璋在南京建立了明朝，而北元政权还未完全覆灭，但洪武二年（1369）高丽即向明朝入贡称臣，接受了明朝的诏谕和金印，并在洪武三年（1370）遣使感谢明朝赐予的冕服，将原本向元称臣时元朝授予高丽的金印上交给了明朝，正式确立了双方

朝鲜王朝时代国王所使
用的大绶、蔽膝和大
珮，现藏于韩国国立古
宫博物馆

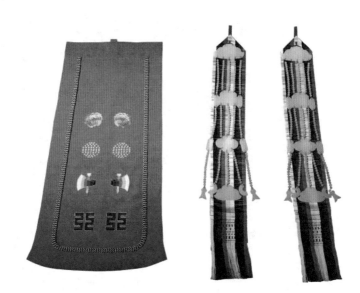

純宗皇帝御真

大韩帝国纯宗皇帝（1907—1910 年间在位）画像，现藏于韩国国立古宫博物馆。朝鲜于 1897 年宣布成立大韩帝国，君主由朝鲜王朝时代的"国王"升级为"皇帝"。可见纯宗皇帝头戴垂旒冕冠，胸前挂方心曲领，上衣的服章有日、月、龙、华虫等，身前佩戴龙、火纹蔽膝，脚穿赤袜、赤舄，身侧垂有大绶，所穿仍然是华夏冕服的样子

的封贡关系。

在洪武二十年（1387），明朝全面接收了北元在东北地区的辖地，成为了中国唯一的统治政权。洪武二十五年（1392），李成桂即位，改国号高丽为朝鲜，并得到了明朝的承认。自朝鲜时代起，冕服也变成了只有皇室成员才可以穿用。

据《明实录》记载，有明一代，每逢朝鲜国王即位或者使臣来朝，明朝经常会赐以冕服。明朝对朝鲜王室人员的冠服给赐，有十几次之多，给赐的人数与次数都远远超于其他藩属国。

明末，女真族建立的后金在建州崛起，由于地理位置上的临近，朝鲜与后金从一开始就有颇多往来，也宿怨颇多。明崇祯十年（1637），皇太极大败朝军，逼迫朝鲜国王李倧与明朝绝交，奉清朝为正朔。此后朝鲜便一直保持着与清朝的宗藩关系，直至 1895 年《马关条约》中清廷承认朝鲜自主。在史籍记载中，历朝清帝对朝鲜国王的赏赐物品，按例均为鞍马、皮革、绸缎、白银之类，并不包括冠服。实际上，直到"大韩帝国"（1897—1910）终结前，朝鲜国王都还是依照华夏冕制穿着冕服的。

穿着时代：隋末、唐代至清代（608—1911）

主要款式：凤钗，凤冠，霞帔

穿着场合：仪典时，婚嫁时

主要特征：古代女性的服饰奢侈品

衣橱
第二格

有凤来仪

凤冠霞帔

新娘凤冠霞帔的传说

在中国的古代民间传说里，有很多"天子落难民女搭救"的故事，比如下面这个。

北宋靖康二年（1127），金兵攻陷汴京并掳走徽宗、钦宗两位皇帝，徽宗的第九子赵构在南京应天府（今河南商丘）即位，史称宋高宗，改年号为建炎，成为南宋的第一位皇帝。赵构登基以后，仍然在不断南逃以躲避金兵的追击，一天逃难至海宁境内的前金村，在追兵逼近的紧要关头，遇到了正在村前晒场劳作的一位村姑，姑娘急中生智，让赵构躲进大大的谷箩里，还在追兵过来盘问的时候把他们指去了相反的方向。赵构因此脱险，对这位姑娘千恩万谢，还许诺等回朝之后要把她接进宫做娘娘。后来赵构迁都杭州，在东南站稳了脚跟，想起要履行诺言，便派人去接姑娘。然而这位姑娘因为种种原因并不愿进宫，拒绝了来接她的人。听说了姑娘的决定，赵构转而下旨，特许姑娘在出嫁时可以享有"娘娘"受封大典的礼遇，坐花轿、戴凤冠、穿霞帔。再后来，其他的民间女子也纷纷效仿，都在出嫁那天穿戴上了凤冠霞帔。

这故事里讲的"凤冠霞帔"，是两种可以分别独立穿戴的服饰。凤冠脱胎于先秦的禽鸟冠，经历了漫长的发展演变之后，从各种冠饰中脱颖而出，成为以皇后为代表的高等级命妇所戴之礼服头冠，其象征之高贵、制作之精美、用料之奢华，堪称中国古代名副其实的"奢侈品"。霞帔又称霞披，出现于南北朝时期，因其色彩艳丽、灿若彩霞而得名，在宋代也成为命妇礼服的一种重要配饰。如果要说中国古代服制金字塔上最顶端的衣冠，男性的应当是那一套冕服，而女性穿用的就要数凤冠霞帔了。

可是在我们熟悉的传统戏剧、古典文学作品里，"凤冠霞帔"说的又是古代女子出嫁时的一种嫁衣行头。比如元代杂剧《潇湘雨》里张翠鸾与崔甸士定终身时，穿的就是凤冠霞帔："解下了这金花八宝凤冠儿，解下了这云霞五彩帔肩儿，都送与张家小姐妆台次，我甘心倒做了梅香听使。"清代小说《红楼梦》里，贾宝玉在太虚幻境见到十二钗正册里李纨的画像，也穿着凤冠霞帔："后面又画着一盆茂兰，旁有一位凤冠霞帔的美人。也有判云：桃李春风结子完，到头谁似一盆兰。如冰水好空相妒，枉与他人作笑谈。"还有清代小说《二十年目睹之怪现状》中，恽来与咸水妹"择了吉日迎娶，一般的鼓乐彩舆，凤冠霞帔，花烛拜堂，成了好事"。

这就令人心生疑惑：依照中国古代服饰制度的等级规定，平民百姓如果穿品官服饰就是僭越，是要被治重罪的，这"凤冠霞帔"既然是得到朝廷敕封的命妇才能穿戴的品级服饰，是身份和地位的象征，又怎么成了民间女子在结婚时的嫁衣穿戴？历史上凤冠霞帔的流传演变究竟是怎样的呢？

有凤来仪

　　既然要讲"凤冠"，不妨先来看看中国古代传统文化中的"凤"这个意象。

　　在我们的印象里，凤是与龙齐名的神话动物，并且具有强烈的女性化象征意味：龙是帝，凤是后；龙是男子，凤是女子。但其实在凤鸟形象产生后的相当长的时间里，它并非是特指女性的，而是一种超越于性别之上的图腾神鸟。

◀ 距今七千年前的余姚河姆渡遗址出土的象牙蝶形器。表面雕刻的纹样中央，是一个由同心圆构成的火焰状太阳，光芒四射，太阳两边各有一只有着长翎尾的鸟，这个图样被定名为"双凤朝阳"。鸟纹在仰韶文化、河姆渡文化、良渚文化出土的器物上都非常普遍

远古神鸟

我们都知道，凤并不是自然界里真实存在的禽鸟。最初的凤纹是先民们刻画在骨器、陶器上的鸡类或鸟类纹样，这些被称为"玄鸟"的形象就是凤的雏形，产生于远古先民们对鸟类的原始崇拜。而且最初的鸟图腾崇拜并不局限于特定的某一种鸟，而是在不同的族群中有对不同种类的鸟的信仰。可是鸟类并非猛兽，有什么受到先民们崇拜的能力和特质呢？

东晋王嘉《拾遗记》记载在炎帝时候，有丹雀衔着九穗禾而飞，炎帝拾起了掉落在地上的谷穗，把它种到地里，人吃了长出的谷穗可以老而不死。这则传说大概来源于先民们在寻找稳定的食物来源时，观察到一种红色雀鸟衔着的谷粒很适合种植和食用，于是发现了稻米这种重要的谷物，而雀鸟因为帮助人们发现稻米的功绩，也被尊为神鸟。

又有汉代纬书《春秋说题辞》记载："鸡为积阳、南方之象，火阳精物，炎上，故阳出鸡鸣，以类感也。"在日出而作、日落而息的原始社会，阳光是先民们生活、劳作必需的条件，因为观察到鸡鸣与日出总是伴随在一起，于是日出而鸣的公鸡，也被视为具有神性的鸟。后来鸡还被继续神化，在南朝任昉所著《述异记》的记载中，除了乡野间的普通家鸡之外，还另有一种"天鸡"，居住在天地东南方桃都山的神木桃都树上，每日太阳升起，当阳光照到这桃都树的时候，天鸡就会率先鸣叫，然后天下所有的鸡都开始随着它一起为日出啼鸣。

在远古时代，先民们以为太阳之所以能够在天空中升降运行，是因为有神鸟"金乌"把太阳负在背上，也就是"日载于乌"的宇宙观。《山海经》中记载十个太阳是帝俊与羲和的十个儿子，住在东方扶桑神树上，每天早

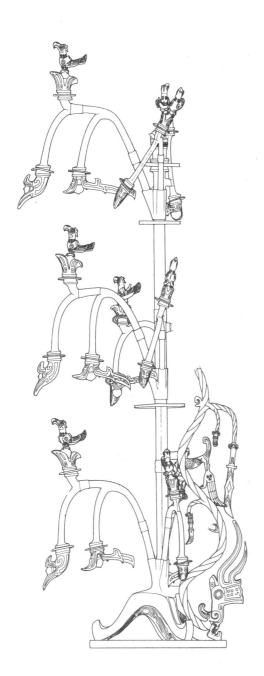

▲ 三星堆一号青铜神树，四川广汉三星堆博物馆藏。三星堆遗址位于成都平原东北部，是长江上游的古代文明中心，已发现的遗址年代上至新石器时代晚期，下至商末周初，距今约4800年至2800年。一号青铜神树全高3.96米，既像巨树，又似神山，树枝上共栖息立鸟九只。神树可能就是《山海经·大荒东经》记载的汤谷上的"扶木"，即扶桑树，是古蜀人宇宙观的直观呈现

◀ 一号青铜神树线图

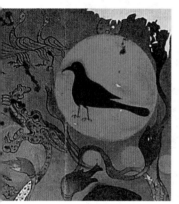 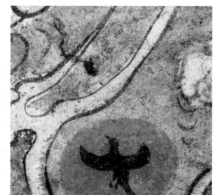 

晨轮流由金乌背负着从东方升起，经过由东向西的飞翔，到晚上落在西方的若木神树上。这就是先民对日夜更替、太阳东升西落现象的观察和解释。后来商代人观察到了太阳黑子，以为那就是飞到太阳上去的黑色神鸟，于是又有了"日中有乌"的说法。总之，在这一类的神话传说里，神鸟与光芒万丈、受世人敬仰的太阳有着密不可分的联系。

▲ 左：湖南长沙马王堆出土的西汉帛画。中：东汉墓室壁画金乌图。右：唐墓穹顶所绘金乌。岁月流逝、朝代更替，绵延不变的是一轮红日中那只黑色的金乌鸟

▶ "凤"字的几种甲骨文字体。商代甲骨文中的凤字，就是由图腾纹样转化而来的象形文字，直观地表达出当时人们对凤鸟形象的想象。甲骨文的"凤"字看起来就像一只华美大鸟，头戴华冠，身披长羽，以或站立或飞翔的姿态展现出神鸟的身姿和气度

从"玄鸟生商"到"凤鸣岐山"

凤鸟的影响力参与到国家活动中，是从商代开始的。《诗经·商颂·玄鸟》记有"天命玄鸟，降而生商"，《史记·殷本纪》完整地记载了这个故事：黄帝的曾孙名叫帝喾，帝喾的次妃简狄在玄鸟降世的春分日，随帝喾到郊外举行祭祀活动，有玄鸟衔来的五色鸟蛋掉落在地上，被简狄拾到，不小心吞了下去，于是意外受孕生下了商契。商契长大后，由于帮助大禹治水有功，被帝舜任命为司徒，并封在商地，商族开始形成和发展，商契也被尊为商族的始祖。又十四代之后，商部族经历了种种磨难，发展壮大，商契的后代商汤打败夏朝的末代君王夏桀，灭夏建立了商朝。由于商族人相信他们是由玄鸟坠卵而生，所以就将玄鸟奉为图腾。

随着玄鸟的形象和能力被不断神化，一种在视觉上集合了多种动物特征的神鸟形象出现了，它就是集大成的"凤"。《尔雅注疏》中解释凤的形象为"鸡头、蛇颈、燕颔、龟背、鱼尾、五彩色，高六尺许"。《山海经》则称凤的形状似鸡，羽毛五彩，身上各部位还有花纹，头上花纹象征德，翅膀上的象征义，背上的象征礼，胸部的象征仁，腹部的象征信。还说凤鸟饮食自然，自歌自舞，如果现世人间，则意味着天下大宁。

◄ 河南安阳殷墟妇好墓出土的玉凤，中国国家博物馆藏。妇好是第二十三代商王武丁的妻子，生前曾多次率兵出征，功勋卓著，在武丁的众多妻子中地位很高。从她的墓室中共出土了 1928 件精美的随葬品。这件玉凤呈字母 C 形，身姿修长，有丰满夸张的双尾翎、精致华丽的羽冠，与现代人熟悉的凤鸟形象非常相似

▲ 殷墟晚期父丁卣腹部凤鸟纹饰

▲ 殷墟晚期父乙觥腹部凤鸟纹饰

▲ 西周穆王时期（约前1054—前949）伯或簋，陕西省扶风县庄白村出土，扶风县博物馆藏。簋是祭祀时盛放黍稷的器物，也是青铜礼器的常见器形。这件簋左右两耳呈昂首竖立的立凤状，盖面和腹部各有四只凤鸟纹饰

继商而立的周朝，也认为凤鸟与其民族的发源有关。周族的发源地在岐山，又名西岐，是今天的陕西省宝鸡市岐山县。传说周文王居于岐山时，有凤鸟飞到岐山栖息鸣叫，向天下宣扬文王的德政。因为"凤鸣岐山"是预示着周将兴盛、取商而代之的吉兆，为了宣扬天命，体现新王朝的威名，商末周初的青铜器纹饰中，涌现出大量的凤鸟纹。

西周昭王、穆王时期凤纹大量流行，除了装饰在青铜器上之外，还常被使用在玉器上。这些周代的玉凤纹大多有鸟形的身体、显著的高冠和夸张的羽翼，与一般鸟纹有明显的区别，不仅辨识度高，而且具有一般鸟纹所没有的特殊美感，说明凤鸟的视觉形象在当时已经发展得相当成熟了。

▲ 周穆王时期的玉饰，陕西长安普渡村长思墓出土。玉饰正面线刻了一只凤鸟，昂首挺胸而立，圆眼、勾喙，长尾随着器形向上卷曲再垂落，足下踏云纹

凤鸣于帝王家

在试图感应天地、沟通神灵的原始宗教仪式中，凤充当了连接人与神灵的使者。殷墟卜辞是记录商代的自然崇拜与巫术的资料，其中就称凤为"帝史"，代表"天心"，主要负责向被崇拜的神灵传达人间的祈祷，起到沟通天地的作用。

如果说商代是在图腾崇拜的意义上尊崇凤鸟，周代就已经用凤鸟来阐释君权"受命于天"的理念了。用天与凤、凤与君之间的神秘关联，证明君权的必然性与合理性。在这样一种语境里，人君受命于天，如果犯下失德的过错，凤鸟会将帝王的过失上报于天，上天会降下灾异以示威慑和惩罚；如果施行德政，上天也会以凤鸟为代表降下祥瑞，以示褒奖。于是后世历朝统治者就争相收集、编造"凤凰现"的祥瑞，以证明自己的贤德。史书中有不少这类的记载，如秦国李斯《谏逐客书》说天下宝物都汇集到了秦国，这是天下将归于秦的征兆，并列举出秦王获得的宝物有昆山玉、夜明珠、太阿剑、翠凤旗等。其中被称为宝物的"翠凤之旗"，就是由翠羽装饰的凤形旗帜，其珍贵之处大概就是取凤鸟象征天命所归的意思。《汉书·王莽传》记："甘露从天下，醴泉自地出，凤皇来仪，神爵降集。"《宋书·符瑞中》记："唯凤皇为能究万物，通天祉，象百状，达王道，率五音，成九德，备文武，正下国。"南朝《昭明文选》之沈约《钟山诗应西阳王教》中道"翠凤翔淮海，衿带绕神坰"，都是以凤寓意天下之治。

▲ 王莽新朝（8—23）四神瓦当，陕西西安汉长安城遗址出土。汉代宗庙的四门所用的瓦当多为"四神"纹样，其中青龙瓦当用于东门，白虎瓦当用于西门，朱雀瓦当用于南门，玄武瓦当用于北门，以四神分守四方，具有驱邪除恶、镇宅吉祥的含义

▲ 南朝"凤凰"画像砖，河南省邓县学庄南朝墓出土，中国国家博物馆藏。画面上的凤鸟双翅张举，长尾高扬，有皇者之气，接受两旁的百鸟朝拜

▲ 五代彩绘贴金武士浮雕石刻，后唐王处直（？—922）墓出土，中国国家博物馆藏。身穿铠甲、持剑而立的护法天王瞋目而视，肩上立有一只凤鸟。无论人还是凤，都给人以硕大雄壮、孔武有力的观感

在先秦，作为四灵之一的凤和作为四象之一的朱雀是截然不同的存在，到了东汉，《春秋孔演图》称"凤为火精""在天为朱雀"，凤和朱雀在很多时候被合二为一了。与朱雀融合后的凤纹，在体态上吸收了朱雀的健硕站立的形态特征，飘逸飞翔的姿态消失不见了，取而代之的是粗壮的下肢肌肉、短小厚实的羽翼，整体形态更像孔武有力的"有翼神兽"而非飞天禽鸟。这种形态的凤纹风格从东汉一直持续到隋唐五代。

凤的女性化转变

凤是羽族之长，它与百鸟的关系，就像帝王与百姓的关系，所以凤纹被用作男性王权的象征，例如皇帝出行的仪仗中就专门有一支"凤旗队"。《汉书·扬雄传》记载："命群臣齐法服，整灵舆，乃抚翠凤之驾，六先景之乘。"这"翠凤之驾"即以翠羽为天子车驾做的凤形装饰。

同时，作为四灵之一的神鸟，古代具有超群才德的人会被比喻作凤，而得到这样美誉的人，主要也还是男性。东晋时的道家典籍《抱朴子》描述了五行、五德、五色与凤鸟的关系，说木行为仁，色青，凤头是青色的，象征"戴仁"；金行为义，色白，凤颈是白色的，象征"缨义"；火行为礼，色赤，凤背是赤色的，象征"负礼"；水行为智，色黑，凤胸是黑色的，象征"向智"；土行为信，色黄，凤足是黄色的，象征"蹈信"。凤鸟身上的五色分别对应着"仁、义、礼、智、信"五种美德，一个人能够被比作凤鸟，自然是对其极高的评价。"老子见孔子从弟子五人……老子叹曰：'吾闻南方有鸟，其名为凤……凤鸟之文，戴圣婴仁，右智左贤。'"这是《庄子逸篇》中的记载，老子称赞孔子具有如凤鸟般的美德，能招揽智贤之人在自己的左右。屈原在《九章·怀沙》中以凤自喻："变白以为黑兮，倒上以为下，凤凰在笯兮，鸡鹜翔舞。"感叹自己是有德之人，却像被关在笼子里的凤凰般不能施展抱负。汉末三国时庞统也以才名得号"凤雏"，《三国志》记载："刘备访世事于司马德操。德操曰：'儒生俗士，岂识时务？识时务者在乎俊杰。此间自有伏龙、凤雏。'备问为谁，曰：'诸葛孔明、庞士元也。'"到了唐代，以凤比喻文人士大夫的情况更是多见，无论是在朝为官的大员，还是归隐田园的逸士，无论是文采出众，还是德行操守过人，又或风姿仪容甚美，都可被喻为凤。

唐代诗人张籍（约768—830）曾作《古钗叹》感慨怀才不遇："古钗堕井无颜色，百尺泥中今复得。凤凰宛转有古仪，欲为首饰不称时。女伴传看不知主，罗袖拂拭生光辉。兰膏已尽股半折，雕文刻样无年月。虽离井底入匣中，不用还与坠时同。"

张籍是位官职卑微、仕途失意的诗人，曾担任太常寺的正九品小官"太祝"十年之久，在此期间写下了这首诗。诗人以坠入井中的凤凰古钗自喻，虽然精美、高贵，却不合时宜，即便被从井底取出，也还是逃不过收入囊匣不得重用的命运。诗中古钗、凤凰的意象虽然说的是女子首饰，表达的却是男性士子怀才不遇的不甘与无可奈何，诗文读来丝毫不觉得女性化。

凤鸟从比喻男性到对应女性，经历了一段逐步的、漫长的变化过程。凤的性别指向的转变，大概缘起于凤的另一个意象：象征幸福完美的爱情和婚姻。传说凤鸟分雌雄，雄的叫"凤"，雌的叫"凰"，《左传》就记载一个"凤凰于飞"的故事：鲁庄公二十二年（前672），陈国大夫懿氏打算把女儿嫁给敬仲，在为婚事占卜的时候卜得了吉卦，卦辞说"凤凰于飞，和鸣锵锵，有妫之后，将育于姜"，预示着两人的婚姻将和睦美满。

在汉代，相传司马相如对卓文君一见钟情，弹奏凤凰琴，唱起"凤兮凤兮归故乡，遨游四海求其凰"表达爱慕之情，引得卓文君与其私奔，成就了一段才子佳人终成眷侣的故事。于是，这一曲《凤求凰》也成为男女间爱情的象征："凤兮凤兮归故乡，遨游四海求其凰。时未遇兮无所将，何悟今兮升斯堂！有艳淑女在闺房，室迩人遐毒我肠。何缘交颈为鸳鸯，胡颉颃兮共翱翔！凤兮凤兮从我栖，得托孳尾永为妃。交情通意心和谐，中夜相从知者谁？双翼俱起翻高飞，无感我思使余悲。"

西汉人刘向在《列仙传》里，还记述了一个发生在春秋时代与凤凰有关的浪漫故事：秦穆公（前682—前621）时有一男子名叫萧史，善于吹箫，他的箫声能引来孔雀、白鹤在庭中随曲起舞。秦穆公有一爱女，名为弄玉，也爱吹箫，对萧史心生爱慕，穆公便将女儿嫁给了萧史。婚后夫妻二人恩爱异常，萧史常教弄玉学习吹奏凤鸣声，数年之后，弄玉吹出的凤鸣声可以以假乱真，引得真的凤凰时常飞来驻足。穆公得知也很高兴，就为他们夫妻二人修建了一座"凤台"居住。直到几年后的一天，萧史和弄玉双双乘着凤凰飞天而去，只留下穆公失了爱女独自怅然。

这则夫唱妇随、吹箫引凤，继而双双升仙的故事，无疑是人世间男女爱情最完美的意象。唐代李白就在诗作中，以此为典反复咏叹，既有《凤台曲》，"尝闻秦帝女，传得凤凰声"，又有《登金陵凤凰台》中的名句，"凤凰台上凤凰游，凤去台空江自流"。宋代朱敦儒也以萧史、弄玉为美满姻缘、神仙眷侣的代表，他的词作《柳梢青·秋光正洁》写道："秋光正洁，仙家瑞草，黄花初发。物外高情，天然雅致，清标偏别。仙翁笑酌金杯，庆儿女，团圆喜悦。嫁与萧郎，凤凰台上，长生风月。"

萧史与弄玉的故事是如此引人入胜，以至不仅被世代传颂，后人还为这个故事增添进更多的细节。在刘向讲述的故事里，萧史与弄玉最终"皆随凤凰飞去"，而后来这个情节经过流传和再创作，至清代张玉谷（1721—1780）《古诗赏析》中变成了：萧史和弄玉成婚后，一天夜里两人在月下吹箫，突然有一只紫色的凤凰和一条赤色的龙飞到凤楼左右，萧史告诉弄玉他本是谪仙，停留在人世间已经有一百一十多年，如今时限已到，重归仙班，被封为华山之主，这龙凤就是来迎接他和弄玉一起离去的。于是萧史乘赤龙，弄玉乘紫凤，自凤楼飞翔而去。从简单交代"皆随凤凰飞去"，到飞来

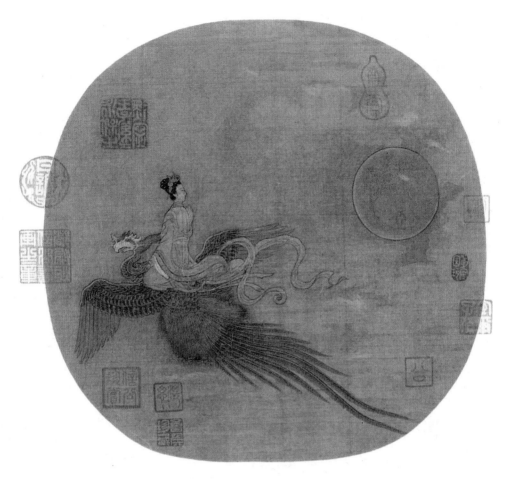

▲ 南宋《仙女乘鸾图》，故宫博物院藏，描绘了仙女乘坐在鸾凤背上飞天的景象。鸾凤又称青鸾，是传说中为西王母衔食的神鸟。宋代绘画作品中的凤鸟多以鸾凤形式出现，鸾和凤的身形相似，区别仅在于尾部稍有不同，凤的尾羽都有凤镜（即凤尾眼），而鸾尾则没有凤镜

一龙一凤、男乘龙女配凤的情节润色编排来看，龙和凤已经被赋予了性别意识，凤逐渐变成与女性关系更加密切的神鸟。

凤鸟性别意向转变过程中，有一位颇具影响力的人物，就是著名的唐代女皇武则天。唐高宗时，皇帝身患风疾不能理政，武则天身为皇后，成为帝国的实际决策者。上元二年（675），高宗想公开让武则天摄政，因为有大臣上奏反对而作罢。上元三年（676）十一月，陈州上报，"凤凰见于宛丘"，武则天抓住机会，对这次祥瑞大肆宣扬，改元为仪凤，已经显露出以凤自比的端倪。唐高宗死后，武则天以皇太后的身份摄政，很快把中书省改名为凤阁，门下省改名为鸾台。《资治通鉴》记载，载初元年（690）九月，就在群臣上表请武则天进皇帝位，而武则天推辞不许的声浪中，初三日"群臣上言，有凤皇自明堂飞入上阳宫，还集左台梧桐之上，久之，飞东南去"。到了初七日，武则天就同意了中宗李显和群臣的奏请，改唐为周，上尊号为圣神皇帝。武则天作为中国历史上的唯一女皇，利用了凤在信仰中的神性，并强化了凤与女性的象征关系，为自己称帝寻求合理性、制造舆论。又因为武则天的成功，自唐以后，凤就更多地代表着后妃等女性，巩固了凤作为女性高贵身份象征的意义。

◀ 传为唐代张萱所绘《武后行从图》（摹本），原件藏于美国。图中描绘了武则天在宫廷巡行时前呼后拥的场面。凤的元素在画面中多处体现出来：武则天头戴的凤冠、腰前的红地金凤蔽膝，身后随从高举的一对圆扇形幢上有双凤纹装饰，身前一名侍从还举着一柄仪仗扇，也以孔雀尾翎制成凤尾样式

凤钗凤冠

钗头凤

　　簪，是古人用来绾住头发、固定发髻的一种长针状的首饰。它在上古时被称为笄，秦汉以后才改称为簪，有骨头、玉石和金属等多种材质。最早的玉簪可以追溯到新石器时代晚期，那时的仰韶文化、龙山文化、大汶口文化等遗址中都发现了玉簪。因为古人无论男女都是长发，男子也需要盘发在头顶做成发髻，所以簪是无论男女都需要使用的首饰。男子在成年行冠礼之后要戴冠，发簪还有固定头冠防止滑落的作用。而钗，则是由两股簪脚合并在一起的发饰，大概出现在商代晚期，多作为女子的装饰。在簪首、钗首处往往会有造型装饰，例如仰韶文化的"T"字形簪首、龙山文化的镂空簪首、石家河文化的鹰形簪首。在商代晚期，簪首上开始出现了凤鸟的形象。

　　古人在发饰使用上，与现代人有很大的不同。现代汉语中的"首饰"主要是指女性饰品，但"古以男子之冠为首饰"。现代观念里发簪只有女性使用，但古代饰物中的簪却是男女通用，而且男子以簪固定头冠的用途还要更"刚需"一点。古代服饰中的凤也并不专用于女性，以龙凤分别象征男女

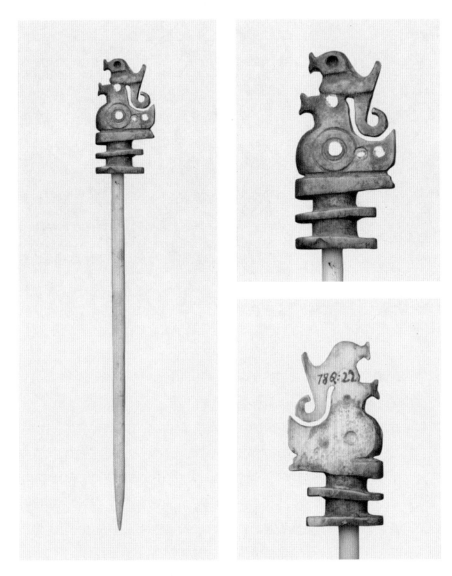

▲ 西周凤鸟骨笄，陕西省宝鸡市周原博物馆藏。骨笄上端的三个方形箍上雕刻了一大一小两只凤鸟，小凤鸟
立在大凤鸟的头上，也可以将其视作大凤鸟的羽冠，造型非常精巧

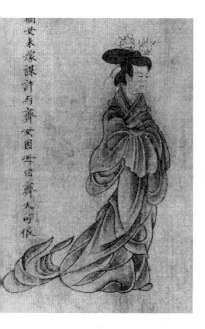

两性，是唐代以后才确立起来的观念。在更早时候，凤鸟形态的装饰是男女两性共同的喜爱，男子佩戴凤簪也是寻常事。

据说宫中嫔妃戴凤钗的习俗起源于秦始皇时，五代马缟《中华古今注》载："始皇以金银作凤头，玳瑁为脚，号曰凤钗。"第一次在服饰中将凤钗与宫廷女性对应起来。到了汉代，凤钗继续受到宫廷女性的喜爱，汉武帝时，宫人多"贯髻以凤头钗、孔雀搔头、云头篦，以玳瑁为之"。《后汉书·舆服制》记载太皇太后、皇太后在参加祭祀宗庙时，要佩戴长一尺的大簪，簪头装饰有以翡翠、白珠、黄金等制成的凤鸟形饰物，是太皇太后、皇太后参加祭祀活动时佩戴的盛装首饰。由此可知，汉代已经将凤鸟之形作为最高贵女性的装饰物了。

东晋顾恺之所绘《列女仁智图》，现有宋代摹本藏于故宫博物院。左图"许穆夫人"是卫懿公的女儿，许、齐两国同时遣使求亲，卫懿公执意将女儿许配给国力虚弱的许国。右图"晋羊叔姬"中羊叔姬在教导幼年的叔向和叔鱼，年长后的叔向礼让为国，叔鱼却因贪淫被杀。画中人物保留了汉代的衣冠制度，如女子梳垂髻鬓，身着深衣，都可以与汉代画像石、画像砖中的人物形象相印证。画中女子头上的簪钗之类大多成对佩戴在头顶发髻前两侧，萦绕弯曲的细枝形似凤鸟。曹植《美女篇》有"头上金爵钗，腰佩翠琅玕"的诗句，爵通雀，画中所绘可能就是三国魏晋时女性流行佩戴的金爵（雀）钗

魏晋以后，以凤为女性首饰造型的风气越来越盛行。东晋王嘉《拾遗记》中记载："石季伦爱婢名翔风……使翔风调玉以付工人，为倒龙之佩，萦金为凤冠之钗，言刻玉为倒龙之势，铸金钗象凤皇之冠。"西晋著名的大富豪石崇，让宠姬翔风使用玉龙佩，还有金丝萦绕成的凤凰形金钗。可见凤钗并不仅是后妃公主等宫廷女性专用，只要有财力和权势，官宦女眷也可以佩戴。

凤冠滥觞

说到冠，《礼记》记载"男子二十冠而字"，《论语》也记述孔子带着"冠者五六人，童子六七人，浴乎沂，风乎舞雩，咏而归"，可见冠在很早的时候就已经成为一种成年男子固定的穿戴。古人的冠与帽有明确的区分，所谓帽，就是我们今天通常用作防风、保暖的帽子。而冠，西汉刘安所编《淮南子》道："冠履之于人也，寒不能暖，风不能障，暴不能蔽也。"可见冠更多是身份地位的象征，也是服饰礼仪的重要组成部分。关于冠的起源，《汉书·舆服志》中提出：上古先民居住在洞穴中，仅以动物皮毛为衣御寒，后

有圣人出，见到鸟兽有羽冠、犄角、鬃毛、胡须等体貌特征，就仿制了冠冕、缨穗作为人的服饰。这虽然是一种猜测，但从考古发现来看，先民所佩戴的冠饰确实有不少是模仿动物的形态，特别是长有角或羽冠的动物的形态，比如羊角冠、牛角冠、禽鸟冠等。

古时候的冠不仅是男性的身份象征，有时候也是女性的饰物。如五代马缟《中华古今注》载："冠子者，秦始皇之制也。令三妃九嫔当暑戴芙蓉冠子，以碧罗为之，插五色通草苏朵子。"

作为女冠的一种，凤钗插缀在女冠上，就形成了最初的凤冠。作为古代女性饰物中的"奢侈品"，凤钗在晋唐之际已然制作考究、所费不菲。《晋书》记载，东晋元帝司马睿要册封一位贵人，有司奏请购置爵钗（即雀钗），晋元帝考虑后认为花费太多没有同意。堂堂皇帝，居然也认为金爵钗制作繁复、过于昂贵。又有唐代诗人

陕西乾陵唐代懿德太子墓中石椁上的装饰图样。懿德太子李重润是唐中宗李显的长子，十九岁时被武则天下令杖杀，中宗即位后追赐为皇太子。石椁上线刻的宫女穿长袍大袖礼服，头戴卷云高冠，两侧各插一支凤鸟形步摇簪，凤口中衔着珠串，既是饰物，同时也应当有固冠的作用

于渍《古宴曲》道，"十户手胼胝，凤凰钗一只"。"胼胝"就是老茧，十户百姓辛劳耕作手上都磨出老茧来，也就只能挣得一支凤钗的价值，可知此钗的贵重与不易得，那饰有凤钗的凤冠，价值自然就更加惊人了。

从唐至五代十国，凤冠、凤钗的形象多见于壁画、石刻的女子头饰。其中凤鸟的形制大致可以分成两种，一种体积较大，有舒展的翅膀与尾翎，如鸟冠般立于头顶；另一种体积较小，是簪钗的钗头，口中衔有珠滴、花结之类，流苏如步摇般会随着女子的行动而摇摆。唐人张鷟《朝野佥载》记载："睿宗先天二年（713）正月十五、十六夜……宫女千数，衣罗绮，曳锦绣，耀珠翠，施香粉。一花冠、一巾帔皆万钱，装束一妓女皆至三百贯。妙简长安、万年少妇女千余人，衣服、花钗、媚子亦称是。于灯轮下踏歌三日夜，欢乐之极，未始有之。"可见花钗、花冠在当时所费惊人，却仍盛行于宫廷与民间。

▲ 敦煌莫高窟第 130 窟壁画所绘乐庭瓌夫人行香图中的女供养人"十三娘"，头冠的两侧各插一支凤钗，凤鸟的体积较小，凤口中也衔着珠滴流苏

▶ 敦煌莫高窟第 98 窟壁画《于阗皇后供养像》。后晋天福三年（938），石敬瑭册封李圣天为于阗国王，曹氏为其皇后。壁画中曹氏头戴镶嵌满绿色宝石的凤形冠，一只硕大的立凤昂首扬尾站立于莲花座上，头冠两边插钗，垂下长串流苏。曹氏颈饰瑟瑟珠，身穿回鹘翻领大袖长袍，肩披绣凤罗巾，装束为回鹘装与汉装的混合，极尽华丽

▲ 敦煌莫高窟第61窟壁画《曹延禄姬供养像》。曹延禄统治瓜州的时间在北宋太宗太平兴国时期
（976—984），其妻曹延禄姬是于阗国王的公主。公主画像头戴高大凤冠，穿汉式圆领大袖袍，披凤鸟
花草纹绣巾

龙凤花钗冠

▲ 宋人绘南宋高宗（1107—1187）吴皇后坐像（局部）

凤钗、凤冠因为成本高昂、制作不易的缘故，即便没有服制规定，也不可能是平民百姓女子可以日常佩戴的首饰。但权贵者为了标榜自己的身份和地位，还是逐渐明确了什么身份的女性才可以用凤鸟作为装饰，凤钗、凤冠的使用也随之更加规范。

早在晋朝时就有规定，皇帝的妻妾中只有皇后和位同三公的三夫人才能佩戴凤鸟爵钗。至宋代，服饰制度中的凤、鸾、翟之类已经与皇室后妃的身份地位相对应，服饰凤纹作为地位差别的标志，形成了一种上下有序的服饰制度。

从宋代开始，凤冠正式确立为后妃的礼服冠，后妃们在受册封、朝谒景灵宫祭祀轩辕等最隆重的场合都要戴凤冠。后来进一步繁化为九翚四凤之饰，翚就是羽毛五色的雉。南宋时，又在凤冠上增加了龙的形象。《宋史·舆服制》记载，皇后、皇太后、皇太子妃在重大祭祀、朝会时所戴之冠名为"龙凤花钗冠"，上饰九龙四凤，冠下附两博鬓，冠上有大小花共二十四株，与皇帝冕上前后二十四旒、皇帝通天冠上二十四梁的数目相吻合。至于皇后冠饰上除了有金凤形象外，还有翠龙衔珠的形象，是为了表示她是皇帝的嫡妻，生下的儿子也是要做皇帝的，而皇妃的冠饰上就只有凤，没有龙了。宋代凤冠的具体样子，在故宫南薰殿旧藏宋代皇后画像中可以一窥究竟。

▲ 宋人绘南宋宁宗（1168—1224）皇后凤冠像。皇后所戴的龙凤花钗冠是以竹丝为骨先编出圆筐，再在筐的两面裱糊一层罗纱，然后缀上以金丝、翠羽等做成的龙凤，周围镶满各式珠花，冠后附左右各三扇博鬓，冠顶正中的龙口还衔着一挂珠串

明代的命妇冠服

明初太祖为了巩固皇权，服饰上特别强化皇族成员与众不同的身份，并以严格的刑罚保证制度的实施。明代服制规定，翡翠珠冠、龙凤服饰，是只有皇后、王妃才可以使用的；命妇的礼冠，四品以上才可以用黄金饰品，五品以下可以用银制描金饰品，等等。《明会典》载："若僭用违禁龙凤文者，官民各杖一百，徒三年；工匠杖一百，连当房家小起发赴京籍充局匠。""官员及军民僧道人等衣服、帐幔，不许用玄、黄、紫三色，并织绣龙凤文，违者罪及染造之人。"

在明代，上至皇后，下至品官之妻，依照典制都可以戴冠，根据身份品级的不同，头冠上所装饰的饰件各有等差，其间又有种种细致而严密的差别。例如自皇后以下至皇妃、皇太子妃、亲王妃、公主们，头冠上都使用金凤簪，但只有皇后和皇太子妃因为是正妻，头冠可以称为凤冠，妃嫔、亲王妃和公主们所用的头冠，就只能被称为翟冠。明代后妃冠服主要有礼服和常服两种，出席仪典时穿礼服，燕居时穿常服，均佩戴凤冠或翟冠，分别称为"礼服冠"和"常服冠"。这些头冠因为装饰有大量的珍珠、点翠，有时也被称作珠冠或珠翠冠。《明会典》记载天子纳后、皇太子纳妃、亲王婚礼的纳征礼物中都有"珠翠冠"一项，其实就是指相应的凤冠和翟冠。

而自郡王妃以下及品官之妻的头冠，也称翟冠，但不可以用金凤簪，只能用金翟簪。所谓金翟，是外形和凤鸟相似的鸟，差别在于头顶只有一根翎毛，尾羽不做火焰状且数量较少，脖子较短，脖颈、下巴上也没有其他装饰，简而言之，算是低配版的凤鸟形象。但在民间习惯上，将品官之妻的翟冠也称为凤冠。大概是因为对于宫墙之外的百姓而言，能够见到戴真正凤冠的后妃的机会微乎其微，他们眼中外命妇们所戴的翟冠，就如凤冠一样标志着高高在上的身份。

▲ 明朱佛女画像。画中女子是明太祖朱元璋的姐姐，陇西恭献王李贞的妻子，她头戴翟冠，饰有口衔珠结的金翟二、珠翟九

▲ 明人绘女像轴。老妇所戴翟冠上装饰有口衔珠结的金翟二、珠翠翟五，应是品级较高的外命妇

▲ 明人绘女像轴。女子前胸补子为鸂鶒纹图案，应为七品官员的夫人，头冠上饰有金翟二、珠翟三

▲ 明人绘女像轴。女子前胸补子为鹭鸶纹样，应是六品官员夫人，头冠饰有大金翟二、小金翟三，另有两个金色小人持杖而立，大概是明末标新立异的翟冠新式样

登峰造极的定陵凤冠

在明代摹画的宫廷女性容像中，常常可以见到凤冠的样子。如现藏于台北故宫博物院的南薰殿旧藏明代皇后半身像，每位皇后都头戴凤冠，身着大衫或是翟衣。通过比较这些画像可以发现，明代早期凤冠的体量较小，只能罩住头上的发髻部分，后来冠体逐渐变大，到中后期基本可以罩住整个头部，凤冠上的装饰也日趋繁复，大量镶嵌宝石、珍珠，甚至超出了仪典规定的品类和数量。

通过肖像画看到的头冠样式，终究可能是被画师美化和再创作后的形象，更可靠的还是考古发现的实物。1956年，在对明神宗定陵的地下玄宫进行考古发掘时，出土了四顶凤冠。如果按照明代皇后、皇太子妃所用头冠才能称凤冠的标准来看，这就是目前存世仅有的四顶凤冠。明代的凤冠究竟是什么样子，就可以从这些凤冠实物上仔细观察了。

明神宗朱翊钧（1563—1620）也就是我们常说的万历皇帝，在位共四十八年，是明代在位时间最长的皇帝。与明神宗同葬定陵的是他的一位皇后和一位皇贵妃，身后都被追尊为皇太后，分别是孝端太后和孝靖太后。两位太后各有两顶随葬的凤冠，一顶是常服冠，一顶是礼服冠，制式规格应与皇后凤冠相同，装在八角形朱漆匣内，分置于四个随葬器物箱中。凤冠在出土的时候，已经有朽烂散乱的情况，经过修复后，又恢复了当年的形制和光彩。

其中孝端太后王氏是神宗原配，名喜姐，万历六年（1578）被册立为皇后，至万历四十八年（1620）四月病故，十月入葬定陵。她的两顶随葬凤冠，分别是九龙九凤冠和六龙三凤冠。其中九龙九凤冠为礼服冠，在受册、谒庙、朝会等重要场合与翟衣一起穿戴；六龙三凤冠是燕居冠，也就是常服冠。明代皇后的燕居服可不是按照字面意思理解的"家居服"，以功能而言，"燕居冠服"仅次于礼服，也被用于各种礼仪场合中。例如皇后册立仪典之日，就是先着礼服向皇帝行谢恩礼毕，然后回到自己宫中更换燕居冠服，接受入宫亲属和女官、内使等的庆贺礼。

另一位孝靖太后王氏原是慈宁宫侍奉皇太后的宫女，因为被万历皇帝临幸生下皇长子朱常洛，而被封恭妃，在朱常洛受封太子后晋封为皇贵妃。万历三十九年（1611）病故，因为明代规定非皇后不能入帝陵，所以在十三陵陵区内另行安葬。九年后，万历驾崩，其子即位为明光宗，可是光宗当皇帝不到一个月就去世了，至其孙明熹宗，才追谥王氏为孝靖皇太后，迁葬定陵。孝靖太后的两顶凤冠也是熹宗为其迁葬时追加的，其中十二龙九凤冠为礼服冠，三龙二凤冠为燕居冠。

唐宋之制，如果即位皇帝是嫔妃所生，只尊其嫡母即先皇皇后为皇太后，另尊其生母为皇太妃，以此区分嫡庶之别。但在五代十国也有不遵守这种规制的情况，后唐庄宗（885—926）甚至以生母为太后、嫡母为太妃，被讥讽为"冠履倒置""胡虏不学"。明初皇帝多不把庶母尊为皇太后，或者即便两宫太后并立，也只为嫡母上尊号，庶母无尊号。如明代宗（景泰帝）即位，尊先皇后孙氏为上圣太后，生母贤妃吴氏只是太后而无尊号，以此略分嫡庶。两宫太后并立且都有尊号的情况始于万历即位时，并进两宫皇太后，嫡母加尊号仁圣太后，生母加尊号慈圣太后。万历身后，他的子孙也对嫡母和生母一并追尊。

按照洪武元年（1368）初定的皇后冠服制度，皇后礼服冠应饰九龙四凤，常服冠则为双凤翊龙冠。《明会典》记载在永乐三年（1405），对皇后

▶ 孝端太后的九龙九凤冠

孝端太后的六龙三凤冠

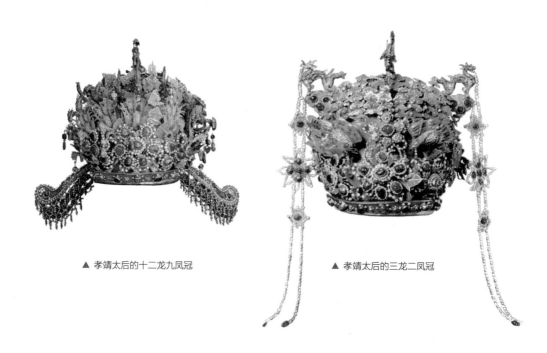

▲ 孝靖太后的十二龙九凤冠　　　　　　　　　　▲ 孝靖太后的三龙二凤冠

头冠的形制做了更细致的规定，明确皇后礼服冠饰有翠龙九条、金凤四只，正中有一条龙口衔大珠，下垂珠结，其余的龙口均衔珠滴，另饰大珠牡丹花十二树、小珠穰花飘枝十二树、翠云四十、博鬓左右各三扇、口圈上珠宝钿花十二朵。而双凤翊龙冠的制式是金龙一、珠翠凤二，另有珠翠牡丹两朵、珠翠穰花两朵、翠叶三十六、翠云二十一、左右各三博鬓、口圈上金宝钿花九朵。皇太后的冠服应与皇后相同。但定陵出土的四个凤冠，所饰龙凤数目与洪武、永乐的服制规定不尽相同，比明初凤冠装饰更加复杂。类似形制的凤冠，在嘉靖朝以后的皇后画像中较为常见，可能是依照明代中叶又做更定之后的冠服制度。

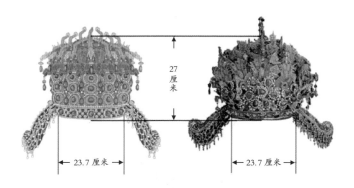

▲ 礼服凤冠：孝端太后九龙九凤冠（左），孝靖太后十二龙九凤冠（右）

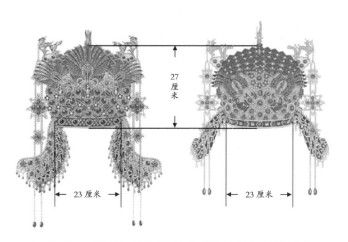

▲ 常服凤冠：孝端太后六龙三凤冠（左），孝靖太后三龙二凤冠（右）

比较可见，两位太后的同种凤冠的构成要素和尺寸是基本一致的，证明了当时凤冠的基本形制、大小应当都有定制。

有人清点过这四顶凤冠上所饰的珠宝数量，以孝端太后的六龙三凤常服冠为例，共用珍珠5449颗、红宝石（尖晶石）71块、蓝宝石（刚玉）57块，其数量之巨大、造型之复杂，绝不是仅称之为"凤冠"就可以都涵盖在内的。下面就以这顶六龙三凤冠为例，来看看明代凤冠上的部件和细节。

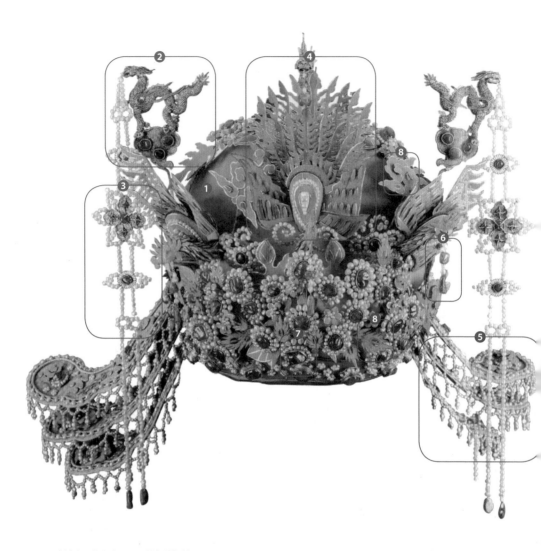

▲ 孝端太后的六龙三凤冠的部件细节

①冠胎。明代凤冠大多以竹篾或铜丝编制圆筐状的冠胎，然后髹漆，再在里外裱糊一层罗纱。龙凤、珠花、翠叶、博鬓等都是先单独制作，然后插嵌在冠胎上的插管内。

②金龙。金龙以"累丝"工艺制作，也就是用细金丝编制，是中国古代一种非常精细的金属制作工艺。龙头为錾刻，脚下所踏如意祥云还镶嵌有宝石。

③珠结。又称为"结子""珠子挑排"，是常服凤冠两侧垂挂至肩的长串珠饰，最上端通过一个小金环固定在龙口的位置，下端自然下垂。每串珠结有珠串两条，

▲ 左上：六龙三凤冠上的珠翠凤，凤身装饰珍珠，凤羽饰以点翠。左下：十二龙九凤冠上的翠凤，纯以点翠制作。右：明代王妃立凤金簪的簪首，簪柄刻有"银作局永乐二十二年十月内府造九成金二两外焊二分"铭文，凤鸟是以累丝工艺制作

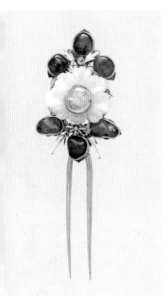

▲ 定陵出土的镶珠宝玉龙戏珠金簪（上）和镶宝玉花金钗（下），镶嵌各种珠玉宝石，形制奢华，制作精美

中部系着三朵嵌宝石珠花。在礼服凤冠上是不饰珠结的。

④珠翠凤。凤冠上的凤鸟有几种不同的材质，这顶凤冠上用的是以珍珠和点翠装饰的珠翠凤，在其他凤冠上还有翠凤、金凤，形制相似，材质不同。

⑤博鬓。博鬓是专门用来表示贵重身份的一种假鬓，明代皇后的凤冠是六扇博鬓，分置冠后两侧，左右各三。皇后以下各级命妇头冠上的博鬓数量要依制递减。

⑥珠滴。凤冠正中一条龙和三只珠翠凤口中都衔着小串珠滴，凤口中的每串珠滴由四颗珍珠、一颗红宝石和一颗蓝宝石串成。另外凤冠的每扇博鬓下也垂着珠滴，服制称之为"垂珠滴翠"，这是皇后博鬓专属的饰物，其他命妇头冠的博鬓都不可以使用。

⑦金宝钿花。《明会典》记载皇后常服所用凤冠"口圈一金宝钿花九，饰以珠"。金宝钿花是用黄金、宝石组合成的花型饰物，在皇后凤冠的口圈处、博鬓上和凤鸟下方的翠叶间都有装饰。

《明史·食货志》记载明世宗嘉靖中期（约1540）以后，大笔的国库银两都被用于置办金宝珍珠，为宫廷需要而购置的宝石种类几乎包括了当时在中国可见的所有宝石，如猫儿睛、祖母碌

（绿）、石绿、撒孛尼石、红刺石、北河洗石、金刚钻、朱蓝石、紫英石、甘黄玉等。明穆宗继位（1566）以后，对珠宝的需求更盛，仅隆庆六年（1572）就"诏云南进宝石二万块"。至明神宗万历朝，"帝日黩货，开采之议大兴，费以钜万计，珠宝价增旧二十倍"。

即便在民间，外国进口的天然彩色宝石也是相当受欢迎的。明末凌濛初《二刻拍案惊奇》里，有段对一顶帽子的描写："只头上一顶帽子，多是黄豆来大、不打眼的洋珠，穿成双凤穿牡丹花样；当面前一粒猫儿眼宝石，睛光闪烁；四周又是五色宝石镶着，乃是鸦青、祖母绿之类，只这顶帽，也值千来贯钱。"这"鸦青"指的是进口半透明天然蓝色宝石，《金瓶梅词话》里，也写李瓶儿的私藏里有"二两重一对鸦青宝石"，可见在明代很流行。定陵出土的凤冠上数以百计的各色宝石，正可以见证明代的宝石盛行之风。

⑧铺翠。即凤冠上用点翠装饰的各种饰品，如翠云、翠叶、翠凤等。"翠"是指翠鸟的羽毛，早在周代就有男子把翠鸟尾巴上的羽毛戴在发髻或冠上，称为翠翘。唐人《妆台记》详细记录了唐代以前宫廷及民间的各种发式，其中记载："周文王于髻上，加珠翠翘花，傅之铅粉。"我们只知道周文王演周易、创周礼，被孔子盛赞为"三代之英"，很难想象周文王居然还有这种以翠鸟羽毛装点的"花样美男"样子。至于正式的点翠工艺，应当在宋代就已出现。工艺流程是先以金银制作点翠部位的底托，再用翠鸟翅膀和尾巴特

▶ 孝靖太后的九龙九凤冠上也饰有以点翠工艺制作的翠凤、翠云、翠叶、珠翠花等

定部位的羽毛按照所需颜色的深浅仔细镶嵌在金银底托上。因为翠鸟羽毛在不同的光线下可以呈现出蓝紫、湖蓝、深青等不同颜色，就使得点翠饰品佩戴起来艳丽而灵动。

此外，凤冠佩带时还有一种功能性首饰不可或缺，这就是金簪。孝端太后的这顶六龙三凤冠上装饰有大量的黄金、宝石、珍珠，凤冠的重量达到了惊人的2905克！想象一下将大半桶四升装矿泉水顶在头上，这分量实在不是普通人可以应付的。而且凤冠的口圈一般不大，与其说是戴在头上，不如说是顶在头上，如何保证在戴冠之人行动时不会移动滑落呢？这"固冠"的功能，靠的就是一对或数对金簪。这种金簪的长度通常在10厘米以上，

▶ 定陵孝靖太后墓出土的镶宝石凤鸟金簪

▲ 定陵出土的镶宝石梅花金簪，梅花形是固冠金簪常见的形制

簪脚由宽渐窄，略呈弧形，由冠下口圈的左右两侧插入发髻，起到将凤冠固定在头上的作用。

关于以金簪来固冠，在朝鲜史书《李朝世宗实录》中也有一段记载。明景泰七年（1456），明朝赐予朝鲜王妃翟冠，而朝鲜世宗大王特别询问臣下："今赐中宫冠狭小而又有篦，未知何以穿着？"这里说到的"篦"即是簪。这位藩王觉得头冠的口圈狭小，在头上根本戴不住啊！另外配的簪也不知道该怎么用。有位叫尹凤的大臣应该是出使明朝曾见识过的，回答说："梳发后从顶后分囟，左右发毛交相结上，做丫髻将冠，冒其上而仍插篦。"也就是告诉大王，头冠是罩在发髻上的，要用簪作为固定。

"取其文"的清代凤冠

清代后妃所戴的朝冠上，也装饰有凤鸟。《钦定大清会典图》记载："皇太后、皇后朝冠冬用熏貂，夏以青绒为之，上缀朱纬，顶三层，贯东珠各一，皆承以金凤，饰东珠各三，珍珠各十七，上衔大东珠一。朱纬上周缀金凤七，饰东珠各九，猫睛石一，珍珠各二十一。后金翟一，饰猫睛石一，小珍珠十六。翟尾垂珠，五行二就，共珍珠三百有二。每行大珍珠一，中间金衔青金石结一，饰东珠、珍珠各六，末缀珊瑚。冠后护领，垂明黄绦二，末缀宝石，青缎为带。"仅从这段文字描述来看，这朝冠上的各种装饰物如金凤、金翟、垂珠，还有所用的宝石、珍珠等材料，看起来都似曾相识，与明代凤冠非常相似。但就实际形制来看，清代后妃的朝冠与宋明的凤冠还是有很大的差别，两者的差异从下面这张画像就可以清楚地看到：

画像中的孝贤皇后富察氏（1712—1748）是乾隆皇帝的原配妻子，满

洲镶黄旗人，在雍正五年（1727）的选秀中被选为皇四子弘历的嫡福晋。弘历即位后，富察氏于乾隆二年（1737）被册立为皇后。孝贤皇后所戴的朝冠完全是满族制式，依据清初定立服制时不用先朝衣冠形制而仅"取其文"的原则，新的服饰制度里没有凤冠的名称，但保留了以凤装饰礼冠的做法。

满族在入关之前，是没有"二十始冠"的冠礼制度的，男子一年四季都戴帽子，贵族女性也在夏季佩戴尖樱凉帽，冬季佩戴尖樱貂帽。这种尖樱帽的形制在清代服制中被明确固定下来，成为礼冠的样式。不过在入关前，满族贵族女性的服制还未正式确定，服饰难免仍有粗陋之处，清代《满文老档》记载天聪六年（1632），清太宗皇太极曾为此特地下诏书训诫：各位福晋们，放着华美的衣服不穿，却都存在柜子里，是想等到死了以后把它带到哪里去吗？还是活着的时候把衣服存起来，等到死后入殓的时候再穿呢？但是人死以后就算穿得漂漂亮亮的，你们的丈夫也看不见了，不如活着的时候穿给你们的丈夫看吧！那些华美的服饰，生前不用，死后一把火烧掉，图什么呢？各位福晋们要好好想想，趁着你们还年轻，及时穿用华服美饰，这才是对的做法，一定要谨记"年少时不修饰，年迈时勿追悔；生前不服用，死时勿叹惜"。这段教导女眷们注意仪容、及时享受的话，即便放在今天，也足够振聋发聩。正是在这样的"祖训"的思想指导下，清代经皇太极、顺治、康熙、雍正、乾隆各朝不断修订，确立了满族女性的官方冠服制度，朝服冠根据品级饰有黄金、东珠和各色宝石，虽然帽形与男子朝冠相似，装饰却要繁复、华丽得多。

清代皇后、嫔妃参加朝会、庆典、祭祖等仪式时，所戴朝冠就是后妃的礼服冠，分为夏朝冠和冬朝冠。孝贤皇后画像中佩戴的是冬朝冠，是以褐色

◀ 清初满族命妇冬朝服像。一品命妇朝冠上饰"大簪"，形状多为圆形、椭圆形或菱形，镶嵌珍珠、宝石，三个一组装饰在朝冠的正面。按照清初崇德年间的女子朝服冠规定，亲王妃等高级宗室命妇和公主、郡主等宗室女的朝服冠上都用"大簪"装饰，经过康雍乾三朝冠服制度更定之后，高级宗室命妇和宗室女的朝冠上改饰金孔雀，非宗室命妇和一品以下的宗室命妇朝冠上才用"大簪"装饰，官书中记为"金簪"

▶ 清代皇后青绒夏朝冠，故宫博物院藏

的貂皮制成的一种褶檐软帽（如果是夏朝冠则用青绒），帽上覆以红纬，红纬顶上缀一圈金凤，共七只，帽顶是三层金凤，这种朝冠即一种满族化的"凤冠"。

除皇后之外，满族出身的嫔妃和高级宗室命妇，也可以按照服制规定戴装饰有不同数量的凤、翟的礼服朝冠。后宫身份自皇贵妃、贵妃、妃、嫔而下，朝冠上分别饰一周金凤七（皇贵妃与贵妃相同）、金凤五、金翟五，亲王、郡王、贝勒福晋的朝冠上，都饰金孔雀五。而自贝子福晋以下，所有夫人的朝冠上不再有鸟形冠饰，只以金云、金簪为饰。

除了朝冠之外，清代满族贵族女性用来搭配礼服的，还有一种以凤鸟为饰的头冠——凤钿。清乾隆年间大学士福格在其笔记《听雨丛谈》中介绍，八旗妇人盛装时，有佩戴钿子的传统，功用等同于凤冠。钿子以铁丝或藤条为骨架，上覆皂纱，再缀以珠翟、珠旒、珠翠花叶等饰物。钿子也分不同等级，最高级的为凤钿，上面除了饰有珠翠凤翟之外，还有装饰华丽的左右博鬓、凤翟口衔垂至眼眉的珠旒串等，造型繁复；而另外的常服钿子，则只饰珠翠，没有珠旒等饰物。

那么清代的汉人命妇呢？她们也佩戴满族式样的凤冠、钿子么？

姚文瀚是乾隆朝供奉内廷的画师，有多幅画卷传世，据记载曾作《仿清明上河图》卷，乾隆皇帝看后很喜欢，

▲ 清《皇朝礼器图册》所绘皇太后所戴的冬朝冠（上）和夏朝冠（下）

清累丝嵌珠宝（正面，下图）、镀金点翠镶珠石凤钿（背面，上图），故宫博物院藏

批注称："此卷较择端原本尺幅纵横倍减，而临摹毕肖、人物益小，尤见精能。"可见姚文瀚是受到皇帝赏识的宫廷画师，由他绘制的崇庆太后八十大寿庆典，也必然是依照仪典盛况如实记录。图中画面定格在乾隆皇帝行礼上寿之后，太后端坐在宝座上，乾隆侧坐在太后身边，东西两侧是乾隆的妃嫔和亲王女眷等人。在这些穿戴礼服的命妇中，既有戴饰金凤朝冠、穿青色蟒袍的满族命妇，也有戴凤冠、穿红色蟒袍的汉族命妇，可见明代式样的凤冠仍然作为汉人命妇的礼冠被沿用。满汉冠式共冶一炉，倒也相映成趣。

◀▲ 清姚文瀚《崇庆皇太后万寿图贴落》(局部)，记录了崇庆太后八十大寿的庆典景象，故宫博物院藏。崇庆太后钮祜禄氏是乾隆的生母，乾隆皇帝即位后尊为皇太后。乾隆皇帝以孝行垂范天下，对崇庆太后非常恭敬，而崇庆太后享年八十六，是清朝太后中寿数最高的，可以算得上福寿双全

▼ 苏州吴县清代毕沅墓出土的金镶宝凤冠，南京博物院藏。毕沅是乾隆二十五年（1760）状元，历任陕西、山东巡抚，湖广总督，官至一品，死后赠太子太保。凤冠应该属于与其合葬的一品诰命夫人汪德。凤冠以粗金丝编成圆筐，当中饰一朵金镶宝牡丹，下口沿处饰有七只金凤和双龙戏珠，冠上还点缀了一些字牌，刻有『日月』『恩荣』『奉天』『诰命』『朝冠』字样，是清代常见的吉祥语簪钗

163

如霞之帔

唐代诗人白居易作《霓裳羽衣舞歌》道："案前舞者颜如玉，不着人间俗衣服。虹裳霞帔步摇冠，钿璎累累佩珊珊。"元和年间（806—820），白居易曾在宫廷内宴时观赏了霓裳羽衣舞，虽然这曲歌舞在安史之乱（755—763）后就已逐渐失传，我们今天无法欣赏到它的曼妙之处，但诗人显然被歌舞迷醉，不仅时隔多年还念念不忘，称"千歌万舞不可数，就中最爱霓裳舞"，而且以诗句追忆了舞者的衣饰：彩虹般的裙子、云霞般的帔帛、插着钿珰步摇的头冠，还有各种花钿配饰，这些如梦似幻的元素共同构成了诗人美好记忆中的一曲霓裳。

宋代以前的霞帔

白居易诗作中所记的"霞帔"，是一种女子的帔帛。最初是在汉末时，社会风尚受到玄学、佛教的影响，从佛教人物佩戴的搭巾基础上发展出了一种女性的衣饰——帔，它的轻灵飘逸满足了当时女性对灵动姿态的追求，所以逐渐流行开来。南朝梁简文帝的《倡妇怨情十二韵》云，"散诞披红帔，

▲ 北魏永安二年（529）韩小华造弥勒佛像，山东省青州龙兴寺窖藏出土，青州博物馆藏

◀ 敦煌莫高窟北魏壁画中作舞蹈状的供养菩萨。这些北朝佛教人物造型上都佩戴了帔帛。塑像上的帔帛自肩上垂下后在身前交叉，再转搭在小臂上；壁画中除了肩披的菱格彩条纹帔帛外，还有由头冠后垂至小臂上并环绕飞扬的"谶带"。这些飘逸灵动的巾带，配合着衣料轻柔的质感，用在佛教人物身上可以展现仙姿和灵性，用在现实中也有助于提高女性仪态的气度风韵，都是北朝最时兴的装束

▶ 陕西西安草场坡北
魏墓出土的陶女俑，
身穿窄袖衫裙，肩
披披帛垂至身前

生情新约黄"；南宋陈元靓《事林广记》记："晋永嘉中，
制绛晕帔子，开元中，令王妃以下通服之。"正因为帔帛
形色如霞，所以得到了"霞帔"这个美丽的名称。

五代马缟《中华古今注》记载："女人披帛，古无其
制，开元中，诏令二十七世妇及宝林、御女、良人等寻
常宴参侍，令披画披帛，至今然矣。"显然自唐玄宗开元
年间起，帔帛正式走进了宫廷生活中，虽然还未写入服
制，但已经成为一种衣俗。

◀ 左一：敦煌莫高窟第375窟初唐壁画供养人像；左二：唐中宗永泰公主墓（701）壁画侍女图；左三：陕西唐墓出土的彩绘女俑；右二：吐鲁番阿斯塔那张雄夫妇墓出土的穿衣女子木俑；右一：唐代周昉《簪花仕女图》中的仕女形象。这些来源于不同艺术形式的唐代女子均穿用帔帛，可见帔帛在唐代相当盛行

进身之阶"红霞帔"

宋代可以说是霞帔的一个转型期，它既是民间女子寻常穿用的衣饰，又被收入服制，开始进入到内外命妇的礼服规制里。宋代高承《事物纪原》记载："今代帔有二等，霞帔非恩赐不得服，为妇人之命服；而直帔通用于民间也。"《宋史·乐志》记载宫廷教坊里有十支女子舞蹈队，其中"拂霓裳队"的舞娘们"衣红仙砌衣，碧霞帔，戴仙冠，红绣抹额"；"采云仙队"的舞娘们"衣黄生色道衣，紫霞帔，冠仙冠，执旌节鹤扇"。这些舞女穿戴的霞帔，应当就是直帔式样的帔帛，形制承袭唐代披帛的式样，可以随舞者身姿而动。

与此同时，另外一种霞帔，就成为后妃常服及外命妇礼服的配饰，服制规定"非恩赐不得服"。这种霞帔的形制是两条锦缎，分别自身后披挂在两肩上，下端垂至身前，末端相连再挂一枚金玉坠子以保持锦缎的平整。因为是有身份的女性在比较正式的场合穿用，穿着者多呈现出静止的、端庄的姿态，这种霞帔已经失去了最初帔帛的灵动之态。

因为穿用霞帔的特权来自恩赐，皇帝常向受其恩宠的女性赐戴霞帔，于是在宋代的宫廷里就出现了"红霞帔""紫霞帔"的名号。《建炎以来系年要录》记载，绍兴九年（1139）"后宫韩氏为红霞帔"。因为韩氏仅被称为"后宫"而无具体品级名号，可见受封前只是普通宫人，受封的"红霞帔"也不会是高品级的名号。宋人张扩《东窗集》记载："红霞帔冯十一、张真奴、陈翠奴、刘十娘、王惜奴等并转典字，红霞帔鲍倬儿、紫霞帔王受奴并转掌字制。"这其实是一则皇帝开具的封赏文书，把一批身份为红霞帔、紫霞帔的宫人提升为"典字"和"掌字"。宋代宫廷内命妇中，"典字"为正

▶ 唐墓红衣舞女壁画，绘制了身披红巾正在做『巾舞』表演的女子形象。画中的红巾，沿用至宋代，就是宫廷舞蹈队穿戴的『直帔』式霞帔

▲ 宋代书画孝经（册），描绘了士人在家行孝，侍奉
父母的场景。画面中盘坐的老妇人、立于屏榻左
侧的妇人和从右侧走来的侍女们都披着"直帔"，
可见是寻常佩戴之物

▶ 江西德安南宋周氏墓出土的金褐色素罗霞帔。周
氏为南宋新太平州通判吴畴之妻，受封诰命为
"安人"，是宋代正六品以上官员妻子的封号

八品，"掌字"为正九品，是品级序列中最低的两级，可见"红霞帔""紫霞帔"的品级地位较典字、掌字更低，应当是不入品的，很可能是得到皇帝青睐的宫女第一步晋升获得的名分，使她们同一般宫女区别开来，如果能够继续获得皇帝的恩宠，才有机会晋封为有品级的嫔妃。

▲ 福州南宋黄昇墓出土的四季花卉纹饰霞帔（左）及印金纹饰复原图（右）。黄昇的父亲是南宋状元黄朴，官至泉州知州兼提举市舶司，掌管着南宋最大的进出口贸易港泉州港；丈夫是赵匡胤第十一世孙、莲城县尉赵与骏。可惜黄昇十六岁出嫁，第二年就病逝了，墓中随葬的大量丝织物都是黄昇还未来得及穿用的陪嫁衣物和夫家为其置备的四季衣裳

《宋史》记载南宋高宗的嫔妃中，就有一位刘氏，初入宫时只是"红霞帔"，因得宠逐步升迁，经才人、婕妤、婉容，一路晋升到贤妃，受宠到在夏天里用昂贵的水晶来做脚踏以避暑，死后还被追封为贵妃，也算是麻雀变凤凰的典范。另《续资治通鉴长编》记载，北宋时哲宗驾崩后不久，皇太后便下令废黜一批原来在哲宗身边的官嫔，其中有位韩氏，竟由正五品才人被降为不入品的红霞帔，还被罚去为哲宗守陵。这时的"红霞帔"就不再是荣耀，而变成了一种赤裸裸的羞辱。

明代的"大衫霞帔"

在宋代，霞帔的规格还没有后世那么高，外命妇以霞帔为礼服配饰，而后妃等内命妇只以霞帔为常服配饰，在更隆重的场合穿戴礼服时却是不用霞帔的。从下面这幅宋人所绘的宋仁宗曹皇后坐像中可以看到，皇后的礼服为头戴龙凤花钗冠，身穿交领大袖的五彩翟衣，并不见霞帔的踪影。

▲ 戴常服凤冠、穿大衫霞帔的明成祖朱棣仁孝文皇后（左）和戴礼服凤冠、穿翟衣霞帔的明神宗孝端显王皇后（右）。无论礼服还是常服，大衫还是翟衣，衣外都披有红色云龙纹霞帔。按照明代服制规定，霞帔应当是深青色的，但明代历代皇后画像中的霞帔都为红色，可能是承袭了宋制

▶ 明代曹国长公主朱佛女（1317—1351）坐像。朱佛女是明太祖朱元璋的二姐，丈夫是陇西王李贞，儿子李文忠是明代著名的开国将领。

朱佛女在明朝立国前就去世了，因为儿子在洪武初年被封为曹国公，所以她被追封为曹国长公主。这幅凤冠霞帔的画像应当是在朱佛女身后

根据她长公主的身份和明初的服制规定所绘，所佩霞帔为深青色，饰有云海翟纹图案

但到了明代，霞帔与凤冠的组合成为内命妇礼服的定制，霞帔在女性服制中的地位上升到了最高的等级。《明史·舆服制》记载："礼部议之奏定命妇以山松特髻、假鬓花钿、真红大袖衣、珠翠蹙金霞帔为朝服。"自明代开始，随着命妇们固定把花钗凤冠和霞帔同时穿戴，"凤冠霞帔"逐渐合为一个词，两件原本各自独立演进而来的服制配饰，好像越来越彼此不可分割，以至于今天，我们在看到明清小说、戏曲服装中凤冠和霞帔同时出现时，感觉是最自然不过的事情。

明代霞帔的具体形制是什么样的呢？明人周祈《名义考》记载："今命妇衣外以织文一幅，前后如其衣长，中分而前两开之，在肩背之间，谓之霞帔。"每条霞帔的定制是宽三寸二分（约 11 厘米），长五尺七寸（约 190 厘米），是两条类似于今天女性所用的长丝巾的细长锦缎，自大衫后摆处固定，铺

▲《明宫冠服礼仪图》中所绘东宫太子妃的大衫霞帔形制与帔坠的佩戴方式

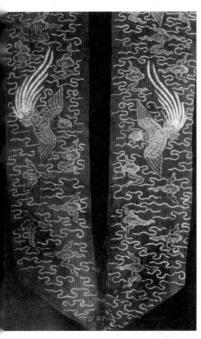

▲ 江西南昌宁靖王夫人吴氏墓出土的盘金彩绣云霞翟纹霞帔。霞帔由两条宽 13 厘米的罗带构成，各长 245 厘米，被发现时就穿在吴氏的素缎大衫内，平放在前身。两条罗带各绣七只彩翟，饰以五彩云纹

陈向上搭过两肩，一直披至身前，下端垂有玉石或金银的坠子。

　　既然是服制的一部分，品级不同的女性穿戴的霞帔，就一定会有不同之处，以彰显身份和地位。命妇们穿用的霞帔，品级的差别主要体现在用色和纹饰图案上。《礼部志稿》记载，永乐三年（1405），亲王妃礼服为"大衫霞帔，衫用大红，纻丝纱罗随用；霞帔以深青为质，金绣云霞凤纹，纻丝纱罗随用；金坠子亦钑凤纹"。世子妃冠服"与亲王妃同，惟冠用七翟"。郡王妃礼服"大衫霞帔，衫用大红，纻丝纱罗随用；霞帔以深青为质，金绣云霞翟文，纻丝纱罗随用；金坠子亦钑翟文"。至于各品级的外命妇们的霞帔，《明史·舆服志》记载，一品用金绣纹，二品用金绣云肩大杂花纹，三品用金绣大杂花纹，四品用绣小杂花纹，五品用销金大杂花纹，六、七品用销金小杂花纹，八、九品穿大红素罗霞帔，没有纹样。这些纹饰方面的规定与当时官员们官服上的品级补子纹样的作用相似，也是服制别贵贱、明等差的一种表现形式。

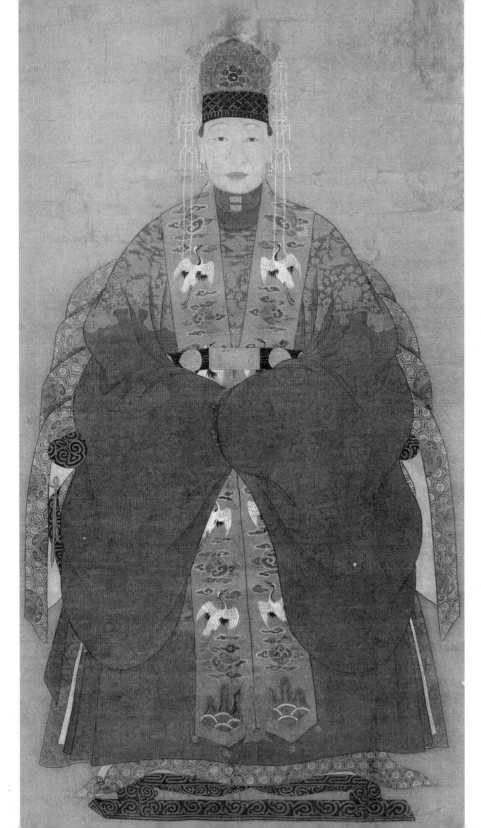

左页这幅画像中的女子所穿霞帔的最下端，有一件坠在压缝处的饰品，是两条首尾完整的鱼的形象，名为"金双鱼坠子"。所谓的坠子，其实就是挂在霞帔最下端的重物，目的是通过重物拉拽保持霞帔锦缎的平整，也是两条帔带缀合处的装饰。

这种功能性的坠子当然不是明代才出现的。《宋史》记载乾道七年（1171）以后的后妃之服时提到："后妃大袖，生色领，长裙，霞帔，玉坠子……"说明最迟在南宋时，霞帔上就已经开始使用坠子了。

过去在考古发现中曾出土了一些饰物，发掘者们不清楚究竟是做什么用的，就根据猜测，在发掘简报里，把它们记录为"鸡心形饰件""香薰""银薰"等名称。后来随着在宋、元、明代的墓葬中不断发现同类饰物，有的被发现时还就系在霞帔上，才确认了这就是古籍文献中记载的霞帔坠子。

目前已发现的霞帔坠子的质地，主要有金、银、玉几种，其中又以金、银为多。南宋时的霞帔坠子除了发现一件是圆形之外，基本都是鸡心形的，应当是当时流行的款式。南京幕府山宋墓出土的鸡心形帔坠，是目前考古发现的最早的金帔坠，由两片造型纹样相同的金片合扣组成。到了明代，霞帔坠子的形制就比较多样了，除了常见的鸡心形之外，还有马蹄形、六边形、如意形等。而明代服制对霞帔坠子材质的规定是：一品可用玉坠，二品至五品可用金坠子，六、七品可用镀金银坠子，八、九品只能用银坠子。

因为穿用霞帔的都是有品级、有地位的女性，所以她们在使用霞帔坠子的时候除了利用其功能性之外，还很在意其装饰性，霞帔坠子不仅是件重物，上面还都装饰有各种精美的纹样。这些装饰纹样在南宋时以对禽、花卉为主，元代又出现了对龙、蝴蝶纹等新样式。明代霞帔坠子的常见纹饰，仍然是禽鸟花卉。凡是王妃墓中出土的霞帔坠子，都以一只凤鸟为饰，而上

海地区的几处官宦女眷墓里发现的霞
帔坠子上的纹饰，更加丰富多样，有
单凤、双凤、三凤穿牡丹纹，瓜果纹，
绶带鸟花枝纹，还有秋山图纹样等，
坠子的工艺水平和艺术性都很高，观
之悦目，赏之怡情。下面就是几件工
艺精美的霞帔坠子：

▲ 上海宝山出土的南宋谭思通夫人邹氏银鎏金鸳鸯
戏荷霞帔坠子。坠子由前后两片鸡心形银片打成，
高8.3厘米，宽6.6厘米，重量约为20克。纹
饰有交颈鸳鸯、荷花、荷叶、绣球、结带等，寓意
百年好合、鸳鸯比翼、连生贵子，充满了吉祥气氛

▲ 明代上海顾从礼家族墓出土的顾东川夫人的两件霞帔坠饰，分别是银鎏金白玉鸡心形和木嵌玉宝石六边形。鸡心形坠饰
正面镶嵌白玉镂雕牡丹绶带鸟纹，高9.5厘米；六边形坠饰上下分别镶嵌白玉透雕松鹿图和牡丹花纹，高13.5厘米

清代的霞帔

在前文讨论各项服制的时候已经提到过，清代的服制因为承袭了满族的风俗，虽然对中原汉族服制有所沿袭，但又是另起炉灶、自成体系的。就霞帔而言，清代的命妇们也穿霞帔，但名称虽同，造型却有了很大改变。

具体形制上的差别是，明代之前的霞帔大多是细长一条，而清代的霞帔却阔如背心，末端垂下细密的流苏，还在前胸后背缀有补子。左上图中那位命妇身上穿的背心马甲样子的东西，其实就是清代命妇礼服上所谓的"霞帔"。

▲ 清代穿着霞帔的命妇坐像
◀ 传世的清代霞帔实物，有清晰可见的小立领、分片补子、身侧系带和下端流苏。明代的霞帔以织绣纹样区分品级，系穿着者的身份标识，清代干脆把品官补子直接用在了命妇的霞帔上，身份地位更加一目了然

一日命妇：从礼服到婚服

说到古代女子穿戴"凤冠霞帔"的场合，第一时间能够想到的大概有两种，一是"封诰命"，二是新娘嫁衣。所谓封诰命，就是上文讨论过的宋代以后汉族服制规定，品级命妇要将凤冠霞帔作为正式场合的礼服。至于以凤冠霞帔作为婚服，大概是更熟悉的情境，因为在现今的中式婚礼上，新娘有时仍会这样穿着。无论是戏曲演出的嫁衣行头，古装影视作品的新娘装扮，还是亲朋好友拍婚纱照、举办婚礼时的中式礼服，常常用的都是凤冠霞帔。

自古以来，婚礼上的新娘都是衣装隆重、极尽奢华的，但平民女子与后妃的身份、地位差距岂止"九品十八级"，难道真的能够在婚礼时穿着和命妇礼服一模一样的"凤冠霞帔"吗？而且凤冠、霞帔绝对算是古代女性的奢侈品，无论其制式、工艺还是价值都非同小可，普通百姓又怎么可以负担得起呢？

那么，古代的新娘们在婚礼时究竟穿的是什么呢？

先秦的昏礼

自先秦以来，婚礼就是儒家礼仪体系中一个非常重要的组成部分。《仪礼》是儒家的十三经之一，记载了周代的士冠礼、士相见礼、乡饮酒礼、觐礼、士丧礼等各种礼仪规定，其中"士昏礼"部分，记录的就是先秦士大夫阶层举行婚礼的各种礼俗。

为什么称"昏礼"，而不是"婚礼"呢？在传统观念里，一男一女的结合，不仅标志着一个新的小家庭的诞生，还是一个大家族扩充人丁、延续血脉的重要节点。《仪礼》中说："……敬慎重正，而后亲之，礼之大体，而所以成男女之别，而立夫妇之义也。男女有别，而后夫妇有义；夫妇有义，而后父子有亲；父子有亲，而后君臣有正。故曰：昏礼者，礼之本也。"婚礼被看作社会伦常的基础。按照先秦人的世界观，男为阳，女为阴，婚礼意味着阴阳结合；而白天为阳，夜晚为阴，黄昏是阴阳相交的时间，所以为了使人的阴阳相合与天地万物的阴阳相交同步，婚礼就选在黄昏时举行，也就称之为"昏礼"。

"昏礼"上，新郎在迎接即将成为他妻子的女性时，要有"亲迎"的仪式。《仪礼注疏》记载，"天子亲迎当服衮冕"，"卿、大夫同玄冕"，"士变冕为爵弁"，总之，新郎是要穿着盛装，郑重其事地进行这个仪式。而婚礼上的新娘，则"纯衣纁袡"，就是穿通身黑色的礼服（即纯衣），装饰有深红色的边（即纁袡，纁指绛色，袡指边缘）。

这男子的"爵弁"和女子的"纯衣纁袡"，实际都是越级的穿着。玄冕、爵弁是士大夫们参加君王主持的国家祭祀活动时的穿着，结婚是私人的典礼，本不应当穿用；而纯衣纁袡本是王后之服，士庶之妻除了在助祭时穿着之外，在婚礼的亲迎当日穿着也属特例。除了衣服，婚礼中的士人还可以乘坐日常大夫以上才可以用的墨车（不加纹饰的黑色车乘），也是超越规格礼仪的现象。东汉经学大师郑玄在注释《仪礼》时将这些情况都称为"摄盛"，即为了显示婚礼的贵盛而临时性地超越了日常礼制规定。

所谓"摄盛"其实很好理解，因为这种习俗流传千年，时至今日，在婚礼的大喜日子里，也仍然有一些可以称之为"摄盛"的做法。例如今天迎娶新娘的婚车，大多数新郎是不会开自己平日里代步的车子的，或租或借总是要用些"高级车"。这"高级"，其实就是超越了新人自身的社会地位和财力水平的意思，也就是"摄盛"。如果新人平日里开普通家用车，婚礼当天可能会租借"名牌车"；如果平日就开"名牌车"，那婚礼时估计就要用"豪车"了。总之标准就是要比日常生活更高一级，否则就好像失去了婚礼隆重、慎重的意味。

既然是"摄盛"，是暂时性的，就仅限于在婚礼进行的过程中才能使用，婚礼一旦结束，一切就要变回日常的样子。先秦时婚礼结束后的第二天早上，新妇沐浴更衣，穿着"缡笄、宵衣"去拜见公婆，而那身婚礼时的"纯衣缥䙱"就不能再穿了。对此，郑玄解释："不着纯衣缥䙱者，彼嫁时之盛服；今已成婚之后，不可使服，故退从此服也。"

唐代的摄盛

唐高祖李渊在武德七年（624）颁布的《武德令》中，对各种阶层的女性盛服都做了明确规定，皇后有袆衣、鞠衣、钿钗礼衣三等礼服，皇太子妃有鞠衣和钿钗礼衣，内外命妇在仪典场合，五品以上服花钗翟衣，七品以上服礼衣，九品以上则"大事及寻常供奉并公服"，但士庶女子婚礼时也可以穿花钗礼衣。按照《旧唐书》的记载，五品命妇花钗翟衣的构成，包括了头上装饰的花钗、花钿各五树和两博鬓，身上穿的绘有翟纹的青色衣、裳和蔽膝、大带、革带、袜、舄、珮、绶等。而庶民女子的婚服，依《新唐书》的记载："庶人女嫁有花钗，以金银琉璃饰之。连裳，青质，青衣；革带，袜、履同裳色。"正因为唐代婚礼时新郎无论身份，都可以穿本是五品服色的绛色纱袍，新娘穿青质连裳，所以才有了"红男绿女"这个成语。

如何能看一看唐代的婚嫁场面和当时的新人衣饰究竟是什么样子呢？所幸在敦煌壁画中发现的四十六幅婚娶图，让我们可以一窥当时的婚礼风采。可是由唐至宋，建造敦煌石窟的人除了雕刻、绘制被供养的菩萨、出资修建的供养人之外，为什么会在壁画中绘制这些婚礼图景呢？

敦煌壁画的婚礼图，并不是修建洞窟的人为了让后世可以看到当时的婚礼景象而绘制的，它们不是世俗的纪实性绘画主题，而是来源于《弥勒下生经变》的佛教主题绘画。佛教的弥勒信仰包括上生世界信仰和下生世界信仰两部分，所以《弥勒经》也分为上生经和下生经两个部分。其中上生经讲述弥勒在兜率天为天人说法，下生经讲述弥勒降生成佛，说法度众出家，并描绘了弥勒世界的太平景象。在《弥勒下生经》中有一条，"人寿八万四千岁……女子年五百岁，尔乃行嫁"，就是说在弥勒世界里人的寿命有八万四千年，女子要到五百岁的时候才到婚龄，才会行礼出嫁。于是，石窟中那些描绘佛国世界的壁画里，就有了弥勒世界的婚娶场面。当然，佛经里也没有具体描述佛国世界里的婚娶场面究竟是什么样子的，与人世间的婚礼有哪些不同，所以那些在敦煌绘制壁画的画工们，就只有以现实生活中的婚嫁习俗为蓝本去创作，也就为后世留下了唐代敦煌地区婚娶风俗的珍贵图像。

在唐代婚礼中，"摄盛"之俗仍被继续使用着。例如敦煌文书中发现的婚嫁诗词有一首《逢锁诗咏》："锁是银钩锁，铜铁相铰过。暂请钥匙开，且放刺史过。"诗中的"刺史"说的是新郎，但又不是确指新郎的官职是刺史，而只是一种尊称，以抬高身份，表明婚礼当日新郎的重要地位。《下女夫词》是唐代敦煌地区有关婚俗的诗歌，其中反复提到新郎是"马上刺史，本在沙州"，"马上刺史，本是敦煌"，"马上刺史，望在秦州"，这些个马上刺史们都只是婚礼当日的"一日刺史"而已。同样，在婚礼当日，新娘也是盛装打扮，花钗、凤冠是常见的首饰，只为享有一日的荣耀。

▲ 敦煌莫高窟第 33 窟壁画婚娶图（盛唐）。新娘头戴花冠，身穿长裙，正在三位伴娘的簇拥下拱手作揖。文献记载唐代北方举行婚礼时以"青幔为屋"，这幅壁画就是佐证（因为壁画变色的原因，原本的蓝色帷幔看起来已经变成了棕色）

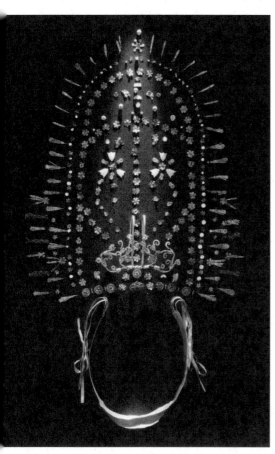

唐代金头饰，西安咸阳贺若氏墓出土，陕西省考古研究所藏。唐代妇女的装饰品可以分为首饰、耳饰、颈饰、腰饰、手饰、冠饰等几大类，琳琅满目，花样繁多。这套金头饰出土时就戴在墓主人头上，由金萼托、金花钿、金坠、金花等各种饰件和宝石、珍珠、玉饰等三百多件连缀而成，虽然承托饰物的丝绸编织物已经全部腐朽，但还是可以看出这件金头饰的大致造型

▲ 敦煌莫高窟第 33 窟壁画婚娶图中新娘头上所戴的花冠饰物与这套金头饰的整体造型非常相似，也是钗簪盈首，珠光宝气，可以想见当年墓主人戴上这套金头饰之后的美丽样子

▲ 敦煌莫高窟第 12 窟晚唐壁画婚娶图。婚拜时在户外搭起帷帐，帐外铺设毡毯，毯上陈列衣物、圆镜；新郎新娘行礼时旁边立着一位夫人挥扇司礼；帐内设宴，宾客们男女对坐，相顾攀谈。壁画所绘的婚仪场面与敦煌遗书中记载的世俗婚礼仪式基本相同。新郎穿戴幞头襕衫，双手持笏跪拜。这板笏是古人上朝时所持的手板，可以记事，新郎在婚礼上手持朝堂上使用的板笏，就是摄盛。新娘头戴凤冠，帔帛罗裙，也是摄盛

榆林窟第 38 窟五代壁画嫁娶图。头戴桃形凤冠、身穿婚礼服的新娘和头戴展脚幞头、身穿大袍的新郎，在伴娘、伴郎的搀扶下正举行婚礼。唐代男子所戴的幞头分软脚和硬脚两种，沈括《梦溪笔谈》记："（幞头）唐制，唯人主得用硬脚，晚唐方镇擅命，始僭用硬脚。"原本只有君王才能戴的硬脚幞头，至晚唐逐渐逾制，平民在婚礼时亦会使用，也是摄盛风俗的体现

宋代的女性婚服

宋代女性婚嫁礼服的形制是身穿大袖衫，下着长裙，外披霞帔。霞帔在宋代正式成为命妇服制的一部分，是宫廷命妇的日常着装，外命妇只能在祭祀典礼等重大的正式场合穿着，而平民女子则只有在婚礼出嫁这个特殊的时间场合下，才可以穿用，不算是僭越。

宋代婚服的用色也与唐代大致相同，女子仍以青色为主。例如宋代皇后像中皇后穿深青色翟衣，腰带、蔽膝、鞋袜也都是青色调的，领口、袖口、下摆有红色云龙纹样镶边，这便也是宋代女性婚服的配色色系。

北宋孟元老《东京梦华录》记载，在婚礼前男方送给女方的催妆礼为"冠帔花粉"，而女方则回赠"公裳花幞头"之类，说明这就是婚礼上男女穿着的衣饰。宋末元初吴自牧在其著作《梦粱录》中，记录了当时临安城（今杭州市）富贵之家婚嫁时为女儿准备的嫁妆："富贵之家当备三金送之，则金钏、金镯、金帔坠者是也。若以铺席宅舍或无金器，以银镀代之。否则贫富不同，亦从其便。"可知虽然宋代朝廷明文规定，只有命妇可以佩金银玉饰件，霞帔非恩赐不能使用，但在现实生活中，经济实力才是决定新嫁娘会使用何种材质嫁妆的最主要因素。富贵人家女子就会在婚礼时用霞帔，佩戴金或镀金的霞帔坠饰和其他饰件，而家贫的女子则只能放弃这个展示荣耀的机会。这可能也就是宋代士族墓葬多出土金、银材质帔坠的原因。

深入民间的凤冠霞帔

中国古代的婚礼礼服服色，自周代的玄纁开始逐步演变，南北朝时一度出现白色的婚服，到了唐宋用青色，最终在明代变为大红色，并在民间盛行开来。明初律令里还明确规定，民间女子的礼服不许用金绣，袍衫只能用紫绿、桃红等浅淡的颜色，不可以使用大红、鸦青（黑而泛紫绿）和黄色，所以普通百姓就算婚礼、寿诞等大喜日子里，也不能穿大红衣裳。但到了明末，规定已经逐渐松动。清初叶梦珠的《阅世编》中记载了明末的婚礼隆重场面，称在崇祯朝初年，婚事当天的礼服还用的是蓝色绸缎，只在喜轿的四角挂上桃红色彩球以示喜庆。之后不久就开始突破服制禁忌，先是在婚服上使用刺绣，然后开始有人用红色绸缎做婚服，再之后甚至使用大红织锦和满绣的大红纱绸了。于是，先前对民间婚礼礼服用红和用刺绣的禁忌被全部打破，此后"真红对襟大袖衫"加"凤冠霞帔"的装扮，成为至今国人对"喜庆""中国式婚礼""中式新娘"的标准认知。

当然民间婚礼时穿戴的凤冠霞帔，也不是真就可以照着皇后娘娘的制式恣意妄为，就算是"摄盛"，也还是要有一定之规的。自明末至近代的四百年间，男子娶妻俗称"小登科"，这一天依照惯例，新郎可以穿九品官服，新娘可以用九品命妇之服。以这末等命妇的冠饰为例，在明代洪武二十六年（1393）所定的服制里规定可以装饰：珠翟二个，珠月桂开头二个，珠半开者六个，翠云二十四片，翠月桂叶十八片，翠口圈一副，上缀抹金银宝钿花八个，抹金银翟二个，口衔珠结二个。所以，虽然自明清以来，就习惯把民间女子婚礼时的冠服通称为"凤冠霞帔"，但那其实只是"借名"而已，完全不是我们从定陵出土文物中看到的那种凤冠的样子。就算民间新娘完全照

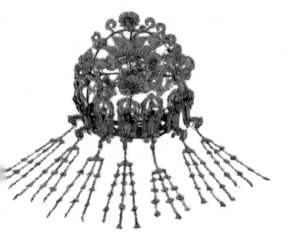

◀ 清代吉林民间银点翠凤冠，私人收藏。凤冠上镶嵌有玛瑙、松石和珍珠，口圈上饰有七只点翠小凤，口衔七条流苏帘。凤冠后面的口圈还可以伸缩调整，方便佩戴。从清代至民国，点翠凤冠成为女子出嫁时最好的嫁妆之一，不只是名门闺秀，只要是稍微富足的家庭，就会根据自家的经济条件，力所能及地置办点翠凤冠或者其他点翠首饰。当时很多地方都有售卖点翠首饰的店铺，所售饰件的档次、价格也有高低贵贱之分

清代北京民间银点翠双喜纹凤冠，私人收藏。冠上虽然没有凤鸟形象，但仍称之为"凤冠"。冠上有醒目的"囍"字纹饰，传说"囍"字是北宋时王安石所创，后来成为婚娶的专用吉祥符号，在传世的金、银、翠、玉等饰品上都有使用

搬九品命妇服饰作为嫁衣，这所谓的"凤冠"上也并没有凤，最多可以称之为翟冠。至于那些不是出身富贵人家的新娘们的冠饰，连翟钗也用不起，只能叫作花冠。

在清代，虽然服制变更，但关于服饰的"十从十不从"原则里，有一条"男从女不从，仕宦从而婚姻不从"，即民间婚嫁时汉族新娘的婚礼服饰，仍可以沿用明代传统。根据汇编清代掌故逸闻的《清稗类钞》记述："凤冠为古时妇人至尊贵之首饰，……其平民嫁女，亦有假用凤冠者，相传谓出于明初马后之特典。然《续通典》所载，则曰庶人婚嫁，但得假用九品服。妇服花钗大袖，所谓凤冠霞帔，于典制实无明文也。至国朝，汉族尚沿用之，无论品官士庶，其子弟结婚时，新妇必用凤冠霞帔，以表示其为妻而非妾也。"

◄ 京剧扮相中的"凤冠霞帔"。《贵妃醉酒》中摆宴百花亭的杨贵妃头戴点翠凤冠，凤冠上装饰的翠凤、挑牌、钿花、珠滴，与明代命妇礼服凤冠上的饰件相似，众多大颗珍珠点饰其间，又似乎与清代推崇黑龙江出产的"东珠"的传统有关，只是更夸张变形一些。图中旦角没有穿正式的霞帔，取而代之的是云肩。云肩最早出现在五代，《元史·舆服志》记载："云肩，制如四垂云，青缘，黄罗五色，嵌金为之。"到了清末，婚礼时的汉族新娘有时会在婚服之外披上云肩来代替霞帔。这种礼服配饰也被京剧行头吸纳进去，成为一种固定样式，搭配后妃、公主等身份高贵的旦角所穿的蟒服

从出现至明代，凤冠霞帔一直都是内外命妇们的尊贵象征。不过在清代，因为满汉服制的差异，凤冠霞帔倒是与宫廷满蒙贵妇们的日常生活相隔较远，稍有民间化的倾向。据民国初年梁溪坐观老人《清代野记》所载，在光绪年间，四川有个官员的家属缪氏，因为精于书法绘画，得到慈禧的青睐，被"置之左右，朝夕不离"。慈禧在六十大寿的前几天，突然对缪氏说："满洲女人的盛装打扮你已经见过了，可是我还没见过汉人的盛装打扮是怎样的。"缪氏答道："汉人女子的盛装，不过就是凤冠霞帔罢了。"慈禧说："那到我生日那天，你也要穿那样的衣服来陪我见客人。"缪氏只好应承了下来。到了慈禧生日当天，缪氏果然穿着凤冠霞帔来见慈禧。见了缪氏的打扮，慈禧一时乐不可支，认为像极了戏曲中的人物。在接受百官女眷的庆贺时，慈禧把缪氏也带在身边，一众女眷见缪氏竟然穿着只有在戏台上才可以见到的凤冠霞帔站在慈禧身边，都失声大笑，庆典的气氛自然也因此其乐融融。

虽然这则笔记所记未必确凿，满族的官宦女眷们就算自己没有穿过凤冠霞帔，也不一定没有见过其他汉族宗室女眷、命妇们在特定场合穿着，说是只在戏台子上见过，未免有些夸张。但可以确定的是，清末民初时的凤冠霞帔，已经经常活跃在戏曲舞台上，开始了它脱离"礼"的场合而成为一种艺术表现形式的新生命。

穿着时代：明代至清代（1368—1911）

主要款式：圆领袍或褂，前胸后背缀有补子

穿着场合：官服，明代用于常朝和日常办公时，清代用于祭祀、仪典和朝会等

主要特征：文官补子饰飞禽图样，武官补子饰走兽图样

衣橱
第三格

祥禽瑞兽护官身
补服的历史

世界博览会上的中国人

若是衣橱里挂上下面几幅画中的中国古代官服,您能知道在哪个朝代该穿哪一身吗?

▲ 中国古代官服

仰赖多年来清宫戏的熏陶，最后一幅画大概没有人会猜错，正是清代的官服——补服。

　　清代官服的样式特征非常明显，在中国历朝历代中绝无仅有：天坛屋顶似的帽子后面拖着孔雀羽毛；各种宝石串成的朝珠，就像脖子上挂着的文玩收藏；前胸后背的补子上绘着飞禽走兽；还有一对马蹄袖，磕头下跪时甩得啪啪作响……

　　这身补服不仅国人耳熟能详，在相当长一段时间里也代表着中国官员的固定形象，出现在国际关系的舞台上。"洋人"谈起对"中国人"的印象，无非是男子发辫长袍，女子旗袍小脚，官员补服花翎。

　　在位于英国伦敦的维多利亚和阿尔伯特博物馆的藏品中，有一幅很特别的油画，在这幅典型的欧式群像的右侧前景位置，可以很清楚地看到一个穿着补服的中国官员形象。这幅画描绘的是什么场景？补服又为什么会出现在画里呢？

　　油画名为《维多利亚女王在1851年5月1日世博会开幕式上》，描绘的是在英国伦敦举办的第一次现代世界博览会开幕式的盛况。当时的英国已经完成了工业革命，成为世界一流强国。为了彰显国力，维多利亚女王决定举办"伦敦万国工业产品大博览会"，并向世界各国发出了外交邀请函，最终有十个国家参加了博览会。这次博览会展期从1851年5月1日到10月11日持续了二十三周，吸引了超过六百万名参观者。为了举办它，英国人一改维多利亚时代以厚重石材为主的建筑风格，在海德公园里以钢铁为骨架、玻璃为主要建筑材料，修建了著名的"水晶宫"。

　　油画是开幕典礼的官方纪念画作，画面上方可以看到水晶宫那独具特色的玻璃拱顶。站立在画面中央大榆树下、斜披绶带的女士就是维多利亚女王（1819—1901，英国现任女王维多利亚二世的高祖母）。女王左手边身着红色上衣的高个子男士是她的丈夫阿尔伯特亲王，右手边是她的儿子和继承人威尔士亲王。画面左右两侧各有一尊白色的骑马者雕像，站在雕像前的分别是全英国教会的主教坎特伯雷大主教和曾任英国首相的威灵顿公爵。

　　至于画面前景右侧那个显眼的中国人，既然出现在开幕典礼上，而且与英国的

▲ 油画《维多利亚女王在 1851 年 5 月 1 日世博会开幕式上》（Queen Victoria Opening the Great Exhibition in Hyde Park），亨利·考特尼·塞卢斯（Henry Courtney Selous，1803—1890）作于 1851 年 5 月

大臣、议员们站在一起，甚至占据了前排最靠近女王的位置，一定是位身份尊贵的来宾。难道是中国代表团的大使？虽然当年清朝统治下的中国也在受邀之列，但是清政府对集中展示了各式蒸汽机、纺织机械和工程机械的现代博览会并不感兴趣，拒绝了邀请。所以，在这次博览会上并没有中国展团。当然，博览会上也并不是全无中国人的身影，一位名叫徐荣村的中国广东商人听说了博览会的消息，将自己经

▲ "水晶宫"以其通体透明、宽敞明亮而得名，1851年初建于伦敦市中心的海德公园内，是万国工业博览会举办的场地

营的"荣记湖丝"紧急用船运到伦敦参展，在评选中荣获金、银大奖，并由维多利亚女王亲自颁奖。但是，这是徐荣村的个人行为，并不代表中国政府，他的获奖也是后话，在博览会开幕的时刻，他的"荣记湖丝"大概还无人知晓呢。

那么，画中的这位身着补服的官员到底是谁？事实是：这位个子不高，但还算仪表堂堂的中国人无官无爵，只是个唱戏的人！英国人记录他的名字是 Hee Sing，在乘船抵达英国以后，就因为华丽的补服、朝珠和顶戴花翎（其实是戏服行头）被认作了中国大使。因为他完全不会英语，所以对这个误会也无从解释。当然，也可能是根本就不想解释，他将错就错，享受了种种高级别的礼遇，在维多利亚女王的宫廷里上演了一出特别版的《钦差大臣》。

在这一出误会里还发生了什么，最终又是如何收场的，已经无从知晓，但是要问这个误会是如何产生的，肇始者就是那一身补服！补服不仅在中国人眼里是身份和地位的象征，在外国人眼中，也同样代表着那个遥远东方古国的权力和荣耀，以至于都忘了核查一下穿着者的真实身份。这些英国人一定没有听说过一句中国的老话：这穿着龙袍的，可不一定是太子啊。

唐代的补服先声

让我们先来追溯一下补服的历史源流吧。

所谓"补服"，是在官服褂子的胸前、背后装饰"补子"，用不同的禽、兽纹样标示官员的官职品级。也就是说，一件补服会有两方面的特征：一是形式特征——前后身所缀的"补子"，也就是在上面织绘纹样的底子，样式有方有圆；二是内容特征——用动物纹样来区分职级地位。

唐高祖的"缺胯袄子"

单就动物纹样和官员职司的联系来讲，这样形制的官服至少可以上溯到唐代。马缟（？—936）在《中华古今注》中讲述，他生活的晚唐五代，皇帝的禁军将领有时会穿一种织有动物纹样的"缺胯袄子"，即有开衩的长袍，这种服制始自初唐高祖武德元年（618），唐高祖李渊令他的禁军将领们在有仪典时穿开衩的紫色袍子，袍上织有动物纹饰，左右武卫将军的纹样是豹，左右翊卫将军的纹样是鹰。

为什么选用了这两种动物纹样呢？《易经》说"君子豹变，其文蔚也"，

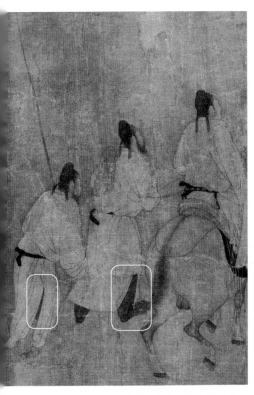
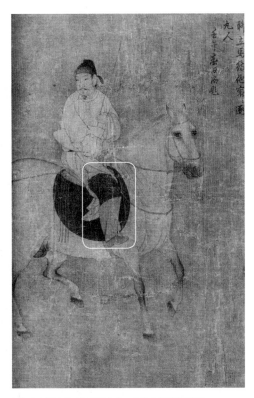

▲ 传为唐人画作的《游骑图卷》（局部），可见唐代武职所穿的"缺胯袄子"，长袍开衩便于骑马

古人见到小豹子刚出生的时候皮毛黏滞混浊，长大以后慢慢生就一身上好的斑纹皮毛，就用豹来比喻君子，在学习、成长中不断蜕变。而鹰从先秦以来一直都是器物上常见的纹饰题材，从象征太阳的上古神兽，到被驯服后在狩猎活动中担当猎人的得力助手，鹰不仅视觉锐利，而且有听从驯鹰者的命令，在捕猎时精准出击的本领。

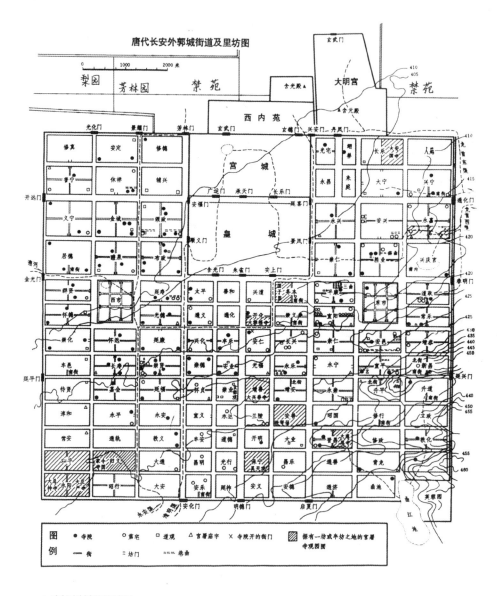

唐代长安外郭城街道及里坊图

▲ 唐长安城复原示意图

武德是唐代开国皇帝李渊的第一个年号，李渊是在公元 618 年五月接受隋恭帝杨侑的禅让即皇帝位，武德元年就是建国第一年。可见唐代从立国开始，就已经在近卫武官的官服上使用寓意美好的动物纹饰了。

于皇帝而言，禁军将领是需要特别依仗的人。在安史之乱（755）以前，唐代的禁军实行"南北衙"制。北衙是皇帝亲军，因驻扎在长安城的北禁苑而得名，负责保卫宫城北部；南衙禁军是由各地方州府的府兵轮番至京城宿卫，史称"番上宿卫"，人数常多达十几万，由十二卫统领，负责保卫宫城南部和皇城内百官衙门。这十二卫，就包括了马缟在《中华古今注》中所载的左右武卫和左右翊卫。

左右武卫将军、左右翊卫将军的品级都是从三品，职责是执掌宫禁宿卫，特别是当皇帝在正殿中接见大臣、处理政务时，要负责管理那些守卫殿门、殿内仪仗的卫兵。所以这些武将与皇帝的关系是相当亲近的，他们不仅常常追随皇帝左右，而且某种程度上皇帝的性命安全就交托在他们手中。在这护卫和被护卫的关系中，往往就建立起一种相互信任、相互依赖的情感纽带。这种信任感可以有多深厚呢？《旧唐书》记载了一位深得唐太宗李世民信任的左卫大将军李大亮，每次为太宗守夜都通宵不眠，而太宗也感怀地说只有在李大亮当值的夜里，他才会一整晚都睡得特别踏实。后来李大亮一人身兼左卫大将军、太子右卫率、工部尚书三职，承担了唐太宗李世民和太子李治父子两人的护卫重责，可算是股肱重臣了。

在唐代的历朝禁军中，像李大亮这样取得皇帝信任的高级武官肯定不止一人，对这样的重臣，皇帝时时褒奖，或赐穿瑞兽锦袍，也就不足为奇了。

唐代的"品色衣"制度

按照唐代服制，还没有进入仕途的读书人统统穿白袍，也就是我们常说的"白衣""白丁"。一旦出仕得官，区分官员品级最基本的方法是以"服色"分高下。早在秦汉时代，文官不分品级大小全都穿黑色的官服。《续汉志》注蔡邕《独断》曰："公卿、侍中、尚书衣皂而朝者曰朝臣。""衣皂"就是穿黑色的官服，王充在《论衡》中也说"吏衣黑衣"。而从北周开始出现的"品色衣"，到唐代成为定制，官品大小，一望便知。《唐会要》规定，官服分紫、绯、绿、青四色，三品以上官员穿紫色，四至五品穿绯色，六至七品穿绿色，八至九品穿青色，官员夫人的礼服与丈夫的品级颜色相同。

宋人钱易在《南部新书》中记述，唐代开元年间，有位善于识人相面的范师姨，和书法大家颜真卿的妻子相熟，有一天颜真卿在家中见到范师姨，就请问她自己的官运如何，是否可以做到五品官？范师姨笑笑回答："你的官运都快至一品了，五品官的这点理想未免太小觑自己了吧？"颜真卿解

◀ 敦煌莫高窟第 130 窟盛唐壁画所绘乐庭瓖夫人行香图。该石窟开凿于开元、天宝年间，供养人是"朝议大夫使持节都督晋昌郡诸军事晋昌郡太守兼墨离军使赐紫金鱼袋上柱国乐庭瓖"，图中最右侧的高大女子是乐庭瓖的夫人太原王氏

释说，自己只求能做个五品官，可以穿绯色的袍衫，随身佩戴银鱼符，儿子凭门荫得到一个斋郎的出身，就心满意足啦。范师姨指着旁边桌上的一张紫色丝帛说："你将来的官服是这个颜色的！"后来颜真卿果然官至太子太师，从一品，应了服紫的预言。

除了颜色之外，区分地位高低的另一种袍服元素就是花式纹样了。

武则天的御赐绣袍

《新唐书·文艺传》记载了一个"夺袍以赐"的故事：武则天率群臣共游洛阳城南的龙门石窟，见山川威仪、景色壮阔，令人神清气爽，便命随行官员赋诗记胜。一个叫东方虬的左史最先写完，将诗呈上，武则天非常高兴，赏赐给他一件锦袍。很快宋之问的诗也写完了，武则天看过之后大加赞赏，认为比方才东方虬那首诗高明得多，于是下令把刚刚赏赐给东方虬的锦袍又要了回来，重新赏赐给宋之问。这件事情一时传为佳话，从此以后就把在竞赛中获胜称为"夺袍"或者"夺锦"。杜甫诗《寄李十二白二十韵》中就有这样的字句，"龙舟移棹晚，兽锦夺袍新"。明人高启在《谢赐衣》诗中也用到这个典故，"被泽徒深厚，惭无夺锦才"。

从武则天不能或者不愿拿出另一件锦袍赏赐给宋之问来看，这种锦袍在当时应该是非常珍贵且少有的。那么这件引得众人艳羡的锦袍究竟是什么样子呢？

唐杜佑《通典》记载了武则天另一次赏赐锦袍的详细情况：延载元年（694），称帝后的武则天大赦天下，并从内库拿锦袍颁赐给诸王和文武三品以上的官员们。寄予着对受赐者的劝诫与期许，所赐锦袍的纹样各不相同。

赐予诸王的锦袍纹样为盘龙和鹿；文臣中赐予宰相的纹样为凤池，尚书的为对雁；武将中赐予左右卫将军的纹样为对麒麟，左右武威卫的为对虎，左右鹰扬卫的为对鹰，左右千牛卫的为对牛，左右豹韬卫的为对豹，左右玉钤卫的为对鹘，左右监门卫的为对狮子，左右金吾卫的为对豸。另外在绣袍的襟背处还分别绣有八字回文："忠正贞直，崇庆荣职"，"文昌翊政，勋彰庆陟"，"懿冲顺彰，义忠慎光"，"廉正躬奉，谦感忠勇"。

和今天常见的苏绣、湘绣之类的写实风格刺绣图案不同，唐代袍袄上的动物纹样并不是刺绣，而是织锦。西汉《急就篇》中说："锦，织彩为文也。"武则天颁赐的这些锦袍上的动物纹样，是用不同颜色的丝线织成，以抽象的、装饰性的线条表现出动物的形态特征，纹饰和衣料浑然一体。只有襟背处那些"忠正贞直"之类的文词才是以刺绣的方式加饰在衣服上的。

武则天颁赐的锦袍根据赏赐对象的不同选用了多种瑞兽，既有真实存在的动物如狮、虎、鹰、鹿等，也有想象中的动物如龙、凤、麒麟等。崇信佛教、讲究祥瑞的武则天为什么选择了这些瑞兽装饰锦袍呢？

武则天信佛，在佛教故事中，佛祖在无量劫前曾多次做过鹿王，鹿还代表着释迦牟尼在鹿野苑成佛后初转法轮。另外鹿在中国传统文化中也是国家权力的代表。司马迁《史记·淮阴侯列传》曰："秦失其鹿，天下共逐之，于是高材疾足者先得焉。"南朝宋时裴骃作《史记集解》注曰："以鹿喻帝位也。"因此鹿纹被用来和盘龙纹一起赏赐诸王。

凤为百鸟之王，宰相为百官之首，且皇宫禁苑中有池沼名为"凤凰池"，宰相掌管机要出入禁苑，所以用"凤池"指代。

雁是一种群居动物，迁徙时总是结队飞行，古人称之为"雁阵"。关于雁的寓意，南宋王应麟在《玉海》中解释说："取其行列有序，牧人有威

▲ 新疆吐鲁番阿斯塔那唐墓出土的联珠对鸡纹锦（左）和花鸟纹锦（右），可见唐代织锦的构图风格和高超的丝织提花技术。由于丝织具有易腐性，受限于温湿度、酸碱性、紫外线、微生物等条件，古代的织物通常很难保存下来。但是得益于新疆、青海地区干燥少雨的气候条件，我们今天可以看到从吐鲁番、都兰等地发掘出土的一些唐代衣料

仪也。"

麒麟是传说中的祥瑞之物，形状像鹿，头上有角，全身有鳞甲，尾巴像牛。它与龙、凤、龟并称"四灵"，古人通常以为凤是百鸟之王，麒麟是兽类之首。在历代典籍上关于麒麟的记载多与帝王的贤德、功绩有关，麒麟作为天意、仁德的代表，在君王无道时就隐而不见，当世有贤德之君时，就会现身以示上天对圣人的褒奖。

虎即白虎，是五行学说中"四象"之一，与青龙、朱雀、玄武并称。

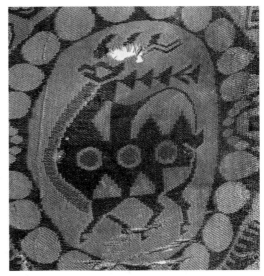

▲ 吐鲁番阿斯塔那唐墓出土的联珠龙纹绮（左）和联珠鹿纹锦（右）。唐代织物喜将各种禽兽设计为圆形纹样，这种形制当时称为"团窠"

虎是镇守西方的神兽，因西方在五行中属"金"，对应白色，所以称为白虎。白虎作为一种仁兽，尤其强调君王德行的感化，传说当君王有圣德时它就会现世。同时，虎因威猛勇武也被视为战神，希望在战场上将士们能够如猛虎一般英勇。《汉书·王莽传》记载王莽封了九位将军，都以虎为号，号称"九虎"；三国时蜀国大将关羽、张飞、赵云、马超、黄忠等五人被封为"五虎上将"，也是对他们勇武的肯定。

"左右鹰扬卫""左右豹韬卫"即南衙禁军十二卫中的"左右武卫"和

▲ 新疆民丰县尼雅一号墓地出土的汉晋时"金凤池"锦袋，锦袋上织有蓝色"凤池"二字，由花草纹样围绕，如禁苑凤池有花草树木环绕

◀ 新疆民丰县尼雅一号墓地出土的汉晋时蓝地瑞兽纹锦枏袋，袋上织有白虎形象

"左右威卫"，光宅元年（684）在武则天主导的一波改定官名大潮中被改称"左右鹰扬卫"和"左右豹韬卫"，神龙元年（705）唐中宗李显复位之后又恢复原名。所以当武则天赏赐锦袍时，就选用了鹰、豹这两种勇猛的动物纹样。

南朝刘宋时（420—479）有一种帝王随身携带的防身御刀，叫作"千牛刀"，名字典出《庄子》中"庖丁解牛"的故事，寓意"锐利可斩千牛"。《南齐书》记载南朝宋元徽五年（477）七月初七半夜，杨玉夫和杨万年潜入仁寿殿，趁后废帝刘昱熟睡时，就用刘昱自己随身的千牛刀杀了他。北魏时候，出现了一种高级禁卫武官，他们除了负责皇帝的安全，还掌执御刀"千牛刀"，官职名为"千牛备身"，也就是"左右千牛卫"的前身。所以千牛卫被赏赐的锦袍纹样就是牛。"千牛卫"虽然在唐代以后就变得有名无实，但这个虚职一直沿用到宋元时期。南唐后主李煜降宋（975）后还曾被宋太祖赵匡胤封了个"右千牛卫上将军"的虚衔，联想到千牛卫原本具有护卫皇帝的职责，感觉颇为讽刺。

鹘是古时候对部分鹰属动物的旧称，翅宽而短，脚和尾较长，多为青黑色，驯养后可助田猎，是很有代表性的猛禽。

狮子并非中国的原生动物，大概在东汉时从西亚作为使臣进献的礼物传到中国，被尊为瑞兽。加上汉代佛教传入中国，佛经记载佛祖释迦牟尼降生时，曾一手指天，一手指地，作狮子吼曰："天上天下，唯我独尊。"所以佛教将狮子视为庄严吉祥的神灵之兽而倍加崇拜。左右监门卫的职责是掌管诸门禁卫和门籍，狮子具有这等威严，正可以震慑宵小，以壮监门卫的声威。

豸即獬豸，是传说中的异兽，体形大者如牛，小者如羊，类似麒麟，额头上长一独角，能够通晓人性、分辨曲直，见人争斗就会用角去顶邪恶无理

▲▲ 新疆阿斯塔那唐墓出土的方格兽纹锦（织锦纹样自左至依次为牛、狮子、象）和对狮纹织锦

的人。左右金吾卫负责宫中、京城巡逻警戒，正需要这种可以辨识恶人的能力。

　　武则天大概是出于女性对装饰性纹样的欣赏和喜爱，也含着笼络人心的目的，经常向臣下赏赐此类服饰。对此，北宋欧阳修编撰《新唐书》时抨击道："武后擅政，多赐群臣巾子、绣袍，勒以回文之铭，皆无法度，不足纪。"不过在武则天之后，唐代皇帝赏赐动物纹样锦袍的行为也没有停止。

　　《新唐书》记载唐玄宗开元十一年（723），也给诸卫大将军、中郎将赐袍，但袍上的纹样与武则天时不尽相同，千牛卫饰牛，左右卫饰马，骁卫饰虎；武卫饰鹰，威卫饰豹，领军卫饰白泽，金吾卫饰辟邪。这又出现了两种

▶ 唐代石狮子，新疆吉木萨尔县北庭故城出土，高16.5厘米。唐代的石狮子与后世守卫高门大宅的看门狮子不同，主要用于陵墓，以守卫墓室神道

新增的神兽：白泽和辟邪。

　　这两种都是神话传说中的上古神兽。白泽浑身雪白，头有一角，有翼，能说人话，通万物之情，很少出现，除非当世有圣人治理天下，才奉书而至，常与麒麟、凤凰等一起被视为明君盛世的象征。因为相传白泽知道天下所有鬼怪的名字、形貌和驱除的法术，所以很早就被当作驱鬼的神和祥瑞来供奉。《通典》记载唐代天子出行有"白泽旗"开道，《新唐书·五行志》记载唐中宗韦皇后的妹妹在家中使用"白泽枕"以避魅。辟邪似鹿而长尾，有两角，又名貔貅，也是一种传说可以辟除妖邪的神兽。唐人秦韬玉《豪家》诗中写道，"地衣镇角香狮子，帘额侵钩绣辟邪"，就是以辟邪纹样来镇宅祛凶。

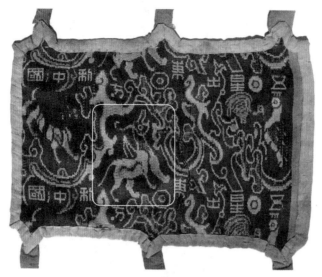

白泽的形象，可见于汉晋时「五星出东方利中国」锦护膊（新疆民丰县尼雅一号墓出土）和明代王圻《三才图会》中的白泽像

"鹘衔瑞草，雁衔绶带"

到中晚唐之际，唐文宗（809—840）即位后有感于衣饰、车马的奢靡之风日盛，于太和六年（832）下诏，对不同品级官员和家眷可以佩戴哪些饰物、衣裙拖地长度不能超过几寸、车马是否可以装饰金银等都做了细致规定。其中对官员袍服纹饰的规定是："三品以上服绫，以鹘衔瑞草，雁衔绶带及双孔雀；四品五品服绫，以地黄交枝；六品以下服绫，小窠无文及隔织独织。"

"绫"是一种中国传统的丝织物，汉代以前就已出现，盛于唐、宋。《说文解字》说"东齐谓布帛之细曰绫"，它与锦的区别是锦为"织彩"，上面有将丝染上颜色后织出的花纹，而绫为"织素"，即先将素丝织成段匹后再做染色。绫织物色泽靓丽，手感柔软，可以做四季衣物，唐代的官员们都用绫来制作官服。

在唐文宗的诏令中，三品以上官员才能在其官服上使用"鹘衔瑞草""雁衔绶带""双孔雀"纹样。虽然实际上常有越级使用的情况，有诗文记录晚唐五品以上的官员就会在官服中使用这些纹饰，但相对于初唐时特赐给某些大臣的动物纹样锦袍，此时的绫袍官服已变成一定品级官员的共同身份象征，成为了品级服制的一部分。

一旦这些纹样如"服紫""服绯"一样成为官员品级、身份的象征，它们对仕途中的官员就具有了特定的象征意义，成为让人魂牵梦萦、追求不止的东西。白居易曾专为官服作诗一首《初除官蒙裴常侍赠鹘衔瑞草绯袍鱼袋因谢惠贶兼抒离情》："新授铜符未着绯，因君装束始光辉。惠深范叔绨袍赠，荣过苏秦佩印归。鱼缀白金随步跃，鹘衔红绶绕身飞。明朝恋别朱门泪，不敢多垂恐污衣。"

这首诗作于公元821年，当时白居易已经五十岁高龄，刚刚获得朝散大夫的官衔，终于可以穿着五品绯色官服。他对这绯色官袍、银鱼袋和鹘衔绶带纹是那般珍视，感觉自己穿上后比先秦时苏秦挂六国相印还要荣耀，就连离别垂泪时都不舍得让泪水沾湿衣裳，唯恐污损了衣饰。诗句中洋溢着浓重的喜出望外和受宠若惊之意，可见这服色纹样对唐代为官之人的重大意义。

白居易的三弟白行简随白居易一同回到长安城入朝为官，不久升任员外郎，从五品，也获得服绯的资格，白居易再一次作诗纪念，即《闻行简恩赐章服喜成长句寄之》："吾年五十加朝散，尔亦今年赐服章。齿发恰同知命岁，官衔俱是客曹郎。荣传锦帐花联萼，彩动绫袍雁趁行。大抵着绯宜老大，莫嫌秋鬓数茎霜。"

诗文中的"雁趁行"就是官服纹样，即五品可用的雁衔绶带纹。诗人还感慨，这服绯的资格实在来之不易，他与白行简都已两鬓斑白，才终于走到这一步。

既然这些袍服动物纹样已经被规定为高级官员独享的样式，那么，没有达到如此身份的人就必须被禁止使用同样的纹饰。所以《唐会要》记载唐文宗在太和六年（832）的敕令中，也特别强调，为朝廷制作御服所需衣料的工坊，所制有特制花纹的绫缎如果有多余不用的，要由专人负责销毁，不可以流出售卖；品级不够的官员不可以私自穿用带有特制花纹的丝织品，如果已有违规穿用的，必须在一个月之内自行改过。

至此，官服上的动物纹样已经开始变得制度化、体系化，并且具有排他性，为日后明清时期的补服制度奠定了基础。

▶ 新疆吐鲁番阿斯塔那唐墓出土的联珠鸟纹锦覆面和联珠对孔雀纹锦覆面，织锦上正是"鹘衔瑞草"和"双孔雀"纹样

宋元之际

唐宋之别

唐代以后，官服以服色分官阶的做法被继承了下来。宋初沿用唐制，官服依照品阶仍然用紫、绯、绿、青四色。到了北宋神宗元丰元年（1078），减去了青色，官服颜色被缩减为三种：四品以上用紫，五至六品用绯，七至九品用绿。这一制度一直沿用至元代。

回到本章开头的那个小问题，如果见到一张唐代画作和一张宋代画作里的两个同穿绯色袍服的官员，怎么区分他们谁是唐代的，谁是宋代的呢？

虽然同用"品色衣"制度，但是唐宋两代的袍服还是有明显区别的。首先看领子，虽然都是圆领，但唐代在圆领内不加衬领，脖子一圈毫无遮挡，而宋代则用衬领，明显看出袍子里还穿着里衫，很像现代人的圆领衫领圈里露出的衬衣立领。然后可以看袖子，唐代多用窄袖，利落干练，还保留着北朝遗制，宋代则普遍采用宽袖，两袖飘飘，袖子长时几欲垂地。由这两点就不难区分出唐宋之别了。

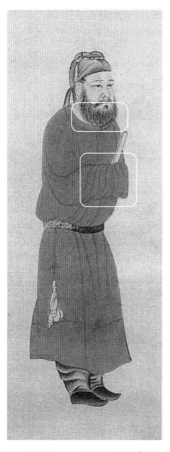

▲ 唐代文官，出自初唐阎立本《步辇图》。拱手恭立，戴软脚幞头，着大红团领袍，革带黑靴，双手执笏于胸前

▲ 北宋《大驾卤簿图书》所绘举行南郊大礼时的皇宫仪仗队，绘制时间应在宋仁宗皇祐五年（1053）至宋英宗治平二年（1065）之间。图中骑马、牵马官员均内穿中单，外着大袖袍服

补服先声

在元代，出现了一种织物，或方或圆带有图案，用来装饰在衣服上，被称为"胸背"。"胸背"一词最早见于元代文献《通制条格》"服色"条，据记载，大德元年（1297）三月十二日，中书省上奏，说发现街市上售卖一种缎子，上面织的图案是四爪的龙，和皇帝御用的五爪很像，只是少了一根爪子而已，如此僭越的衣料是否应该禁止售卖？后来右丞相和尚书代传圣旨，说缎子上织的是"胸背龙儿"，织、售都不碍事，随他们去吧。但是像皇帝、宗亲穿的缠身大龙缎子，民间是不可以私自织造的，要发布文书告知百姓不能犯禁。

这里所说的"胸背龙儿"，就是仅装饰在衣物前胸后背的纹饰，并不禁止平民百姓穿用。在元代，高丽有专供人学习汉语的课本《老乞大》《朴通事》，其中也有"胸背"名称出现。可见当时装饰在衣服胸背的纹饰很是流行。

◀ 元代刻本的《事林广记》，其中一幅插图描绘了正在玩"双陆"游戏的两个人，从额发和发辫判断应是少数民族，坐在左侧的人便穿着一件在背部装饰有方形花样的袍服

　　从目前存世的十余件元代胸背实物和其他图像资料来看，元代的胸背通常为织金或印金，约30厘米见方，内容包括云龙纹、凤穿牡丹、麒麟、花间卧鹿等装饰性题材。在元代墓葬发现的形似补子样式的丝织物，如从山东邹城元代李裕庵墓中出土的一件袍子，是墓主人所穿的菱纹绸面外袍，前胸和后背各织有一幅"喜鹊闹海"的方形图案，形制倒是与明清补服非常相似，但花样就是当时的流行纹样，也没有缝合在官服上面，并未被赋予等级高下的象征意义，与区分官阶品级也没有关系。

◀ 元代任仁发（1254—1327）绘《张果老见明皇图》（局部），现藏于故宫博物院。图绘唐玄宗李隆基召见八仙之一张果老的情景，明皇坐于圈椅之中，立于身旁的几位侍者袍服上下均有团花胸背图案。这个故事出自唐人郑处诲所著《明皇杂录》，但任仁发是宋末元初人，画家往往是以其所处时代的衣着、器物入画的。在唐代，宫廷侍者无论男女，都没有穿这样带胸背装饰的袍服的图像或文字记录，画家所描绘的只能是元人常见的着装

▲ 元人周朗绘《佛郎国献马图卷》（局部）。周朗为元顺帝时人，《元史·顺帝纪》载，至正二年（1342）七月，罗马教皇派教士马黎诺里抵达大都（今北京），向元帝进呈教皇信件和一匹佛郎国马。这匹被称作天马的法国马，"长一丈一尺三寸，高六尺四寸，身纯黑，后二蹄皆白"，引起朝中赞叹。元帝令画工作画，词臣作词，记录这一朝贡盛世，周朗的这幅画就是奉旨而作。元帝身旁簇立的大臣袍服胸前绘有织绣胸补，左侧官员的胸补图案似为仙鹤，与明代一、二品官员所服仙鹤补非常相似

▲ 宣化辽天祚帝天庆六年（1116）张世卿墓壁画。在墓室室门旁绘有持杖的门吏，上衣的胸前和肩上都
饰有圆形补子，形制看起来与清代皇亲贵胄的团龙圆补相似

明代的补服

明代官服制度

明代的开国皇帝朱元璋自幼家贫辍学，十七岁（1344）入皇觉寺出家为僧，虽然出身低微、学识有限，却很重视礼教，相信"古昔帝王之制，天下必定礼制，以辨贵贱，明等威"（《明太祖实录》）。因此尽管王朝初建、百业待兴，也还是投入了相当大的精力来制定新朝的礼制。服饰制度就是其中重要的组成部分。

朱元璋在位共三十一年（1368—1398），其间对服制进行了十几次的定制、修订和增补，平均每两年就要调整一次，足见其重视程度。在朱元璋看来，元代的服饰都是胡服，破坏了中华的衣冠服制，灭元建明之后，他在制定服制时排斥胡服，力图恢复汉唐传统，并且非常强调品官服饰之间的等级界限。明代的官服充分利用了官帽的冠梁数量、袍衫的色彩、图案、材质等元素，最大限度地彰显出品官之间的等级差异，以达到"见服而能知官，识饰而能知品"的效果。之后明代历朝皇帝也都秉承着定服制而治天下的理念，对服制不断增订和完善，最终达到的效果就是，明代官服是当时材料、工艺、技术水平最高的服装。就制度而论，它承袭唐、宋官服制度的传统，体系更为完善，整体配套也更加和谐统一。

现在我们笼统而论的"官服"，在古代实际按照穿着的场合、季节、职事不同，有着更细致的类别区分，无论文臣还是武将，都不是整日里只穿一身官服的。以明代为例，文武官服一般分为朝服、祭服、公服、常服和燕服五大类，另外还有少数官员会有幸得到皇帝的特殊赐服。

那么这些名称各异的官服各是什么样式，分别在什么时间和场合穿着呢？

◀ 明代梁冠，山东博物馆藏。顶上现存有五道皮制横梁，装饰有金质簪花和双凤。依照明代官员服制，冠上梁数依官品而定，一品冠七梁，二品冠六梁，三品冠五梁，四品冠四梁，五品冠三梁，六、七品冠二梁，八、九品冠一梁，也是"识饰而能知品"的一种表现形式

朝服

依照洪武二十六年（1393）定制，朝服在大祀、庆成、正旦、冬至、圣节、颁诏、开读、进表、传制时穿着。也就是说，朝服是在朝廷举行仪典时官员们穿着的一种礼服。文武官员不论职位高低，都戴梁冠，穿赤色罗织的衣裳，以头冠上的梁数和所佩绶带的颜色、纹饰来区分品级。

◀ 山东博物馆藏明代赤罗朝服

▶ 明早期所绘《北京宫城图》。宫城即大内，又称紫禁城，从永乐四年（1406）开始兴建，至永乐十八年（1420）基本建成。图中承天门（今天安门）下金水畔站立者是身穿朝服的蒯祥，永乐时期参加北京宫城的设计和修筑，是承天门的主要设计者

祭服

祭服系官员在陪同皇帝祭祀郊庙、社稷时所穿着，是祭祀活动的专用服饰。一至九品官的上衣都是白纱中单，上装是皂领缘青罗衣，下装是赤罗裳，赤罗蔽膝，颈挂方心曲领，其余冠带、佩饰与朝服相同。

只有锦衣卫是个例外，按照服制规定，锦衣卫堂上官在视牲、朝日夕月、耕耤、祭历代帝王时会穿大红蟒四爪龙衣、飞鱼服；在祭太庙社稷时，则穿大红便服，以其特异的服制彰显出锦衣卫是皇帝身边不同于一般文武大臣的特殊存在。

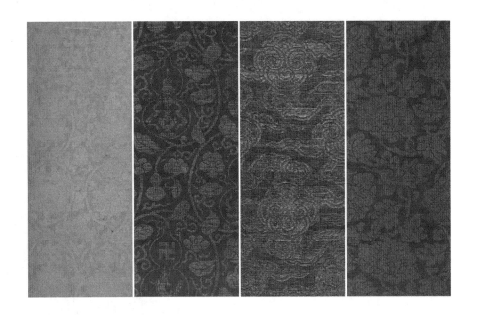

公服

　　洪武元年（1368）规定，在朔望朝见、侍班、谢恩、见辞时，以及外放的官员每日清晨上堂时，须穿着公服，以乌纱帽、团领衫、束带为定制，一至四品服绯袍，五至七品服青袍，八至九品服绿袍。由于一至四品较高职级官员的服色都用绯色，不便于区分，为了体现出这部分人的等级地位差别，又规定在公服上织以大小不同的花纹图样。《明史·舆服志》记曰："一品，大独科（科同窠）花，径五寸；二品，小独科花，径三寸；三品，散答花，无枝叶，径二寸；四品、五品，小碎杂纹，径一寸五分；六品、七品，小杂花，径一寸；八品以下，无纹。"公、侯、驸马、伯的服色花样与一品官相同。

　　与我们对官服补子鲜艳、醒目的印象不同，公服上"大独窠花""小独窠花"之类的花样都是暗织的，是衣料的花纹，而不是显眼的彩绣。

常服

官员们参加常朝、日常办公时穿着的官服即常服。洪武元年（1368）规定常服形制和公服一样，都是乌纱帽、团领衫及束带。文官的袍衫为一尺阔大袖，武官为了行动方便，袍衫为窄袖。不同品级官员的差别除了服色还体现在腰带的不同材质上：一品官用玉，二品官用犀牛角，三品官用镂花金，四品官用素金，五品官用镂花银，六、七品官用素银，八、九品官用牛角。

至此，我们已经回顾了明代的朝服、祭服、公服和常服，也终于在常服上见到了熟悉的补子纹样。若论补服在明代的出现时间，在明初的二十年里服制中是没有补服的，一直到洪武二十四年（1391），补服才跻身服制之中。

补服出现的契机是在洪武二十年（1387）十月，朱元璋为继续加强礼制建设，下令对臣僚尊卑礼仪加强管理。

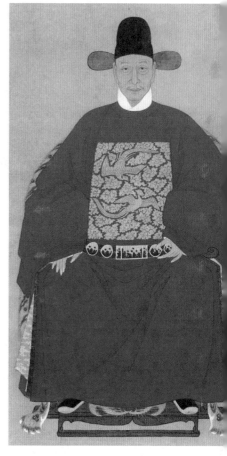

▲ 明代官员常服画像，着二品锦鸡补，腰带是典型的动物角质材料，依制应为犀牛角

▲ 明人丁彩《五同会图卷》（局部），图绘弘治年间（1488—1505）五位苏州籍高官在北京的雅集活动。所谓"五同"，即同年进士、同乡、同朝、同志、同道。此人为正三品礼部侍郎李杰，着三品孔雀补，腰带依制为镂花金制

▲ 明代钱世桢画像。钱世桢（约1561—约1642）是万历十七年（1589）武举进士，历任蓟镇参将、苏州卫镇抚、浙江总运、东征游击等职，最高官职为正三品，但画像中他所穿的常服却饰有一、二品武官狮子补

仙鹤谱　文官一品

锦鸡谱　文官二品

孔雀谱　文官三品

云雁谱　文官四品

白鹇谱　文官五品

鹭鸶谱　文官六、七品

鸂鶒谱　文官六、七品

黄鹂谱　文官八、九品并杂职

鹌鹑谱　文官八、九品并杂职

练鹊谱　文官八、九品并杂职

獬豸谱　文官风宪衙门

白泽谱　公、侯、伯、驸马　　麒麟谱　公、侯、伯、驸马　　狮子谱　武官一、二品

虎谱　武官三品　　　　　　　豹谱　武官四品　　　　　　　熊谱　武官五品

彪谱　武官六、七品　　　　　犀牛谱　武官八品　　　　　　海马谱　武官九品

◀▲《三才图会》中所绘文官、武官常服花样。《三才图会》是明人王圻、王思义父子撰写的百科式图录类
书，成书于万历三十五年（1607）。图中所绘的样式比实物简略，原注中各补的品级划分与明万历
年间申时行所撰《明会典》所载稍有差异，但可以看出文武职官补子的基本形制。参照出土实物，每
个补子近似正方形，边长 30 至 40 厘米不等

其中就不同品级的官员在路上相遇时应当如何见礼，做出了严格的规定：品级较低的官员要在"遥见"品级较高的官员时就做出避让反应，如果对方比自己官阶高二品以上要引马回避，高一品以上要引马在道旁侧立；如果品级相近则双方都要靠右让道而行，否则就会获罪。但是官员们平日里穿着的公服、常服九品仅分三色，腰带和衣料花样的分别也不醒目，以普通人的目力实在很难在远距离分辨清楚，所以各种失礼情况的发生也就在所难免。常服胸、背处的补子很可能就是在这样的现实需求下出现了。

洪武二十四年（1391）定制，常服在胸背处增加动物纹样，公、侯、驸马、伯，服绣麒麟、白泽；文官一品仙鹤，二品锦鸡，三品孔雀，四品云雁，五品白鹇（又名白雉），六品鹭鸶，七品鸂鶒（水鸟，形似鸳鸯而稍大，多为紫色），八品黄鹂，九品鹌鹑，杂职练鹊，风宪官獬豸；武官一、二品狮子，三、四品虎豹，五品熊罴，六、七品彪（形似虎豹的一种动物，毛褐色而无纹，可能是亚洲金猫的古称），八品犀牛，九品海马（并非海洋动物海马，而是一匹身有火焰的白马踏海浪而行，源于帝王仪仗中玉马旗的图案）。这些鸟兽纹样都设计在方形边框之内，置于团领衫的前胸和后背。文官用飞禽，取其有文采之意；武将用走兽，取其生性勇猛之意。

▲ 明代沈度画像，常服饰有一□文官仙鹤补。沈度（1357—1434）官至翰林修撰、侍讲□士，擅书法，明成祖朱棣称赞□是"本朝王羲之"。明代前期□补子以素色为多，用金线盘成□种图案；后期则多为五彩绣□。沈度胸前的补子就是直接织绣□面料上，再制成官服，纹样四□没有明显的边缘装饰

燕服

所谓"燕"，指的就是燕子。燕子筑巢于屋下，安然居住，因此，从先秦开始，就以燕子的意象来指代归家闲居的生活状态和生存空间。"燕居"就是古代贵族或文士阶层在公务之外的一种自然轻松、洒脱愉快的生活状态；"燕服"则是官员在非工作状态的日常闲居时，私下里穿着的便服。

作为明代服制的一部分，法定的燕居之服是到了明后期才被确立的。《明史·舆服志》记载明世宗嘉靖七年（1528），内阁大学士张璁向世宗进言，官员们的日常便服该穿什么没有明确的规定，以至于有"诡异之徒"穿了一些奇装异服，实在败坏礼法风气，不符合一个有秩序的理想社会的标准，建议效法古礼记载中的先秦"玄端"服，定立一套制度规定，杜绝那些胡乱穿衣的现象，彰显出尊卑贵贱的区别。明世宗采纳了张璁的谏言，令人参照玄端服绘制了一套"忠静冠服图"交给礼部，再由礼部颁行下去。

按照忠静冠服制度，官员们在闲暇时需穿着玉色内衫，系青色绿边的腰带，外袍为深青色，三品以上官员可以用云纹的深青色丝罗做外袍，四品以下只能穿素织的深青色外袍，在外袍的前后可以依照本人官职品级装饰相应的"本等补"，穿青绿色鞋子，配白袜。另外还专门设计了忠静冠，以忠静之名勉励百官"进思尽忠，退思补过"。

当然，朝廷自有其规定，但官员们在工作时间之外究竟如何穿着，就不一定会认真遵从燕服规定了。皇帝希望"虽燕居，宜辨等威"，但士大夫们有时候在朝堂之外刻意穿着农夫渔隐等"野服"，表现出一种出世的身份感受和人生冀望。特别是致仕归乡之后，钱陆灿晚年极喜出游，"芒鞋竹杖，整跸里巷间，门人间亦随其后，先生貌既魁梧，衣冠又复古雅，路人多瞩目

▼ 明代云纹花缎便服，江苏苏州虎丘王锡爵墓出土。王锡爵（1534—1611），是嘉靖四十一年（1562）进士榜眼，万历年间官至内阁首辅、太子太保、吏部尚书、建极殿大学士。便服的前胸饰有一片方形补子

▲ 明代忠静冠，曲阜文物管理委员会藏。冠以铁丝作骨，外裹乌纱，冠顶缀七道皮制的横梁

▲ 明代马轼（生卒不详，活跃于正统、景泰、天顺年间）所作《归去来辞·农人告余以春及》

之"（清人王应奎《柳南随笔》）；少司徒方采山"客至以野服见，不报谒，不谈朝政官府之事"（明人王樵《方麓集》）；又有晚明国子监祭酒陆树声自言"葛巾藜杖，挥尘从容"，认识他的人知道他是适园主人，不认识他的人看穿着还以为他是老河公呢（《陆文定公集》）。这些质朴、淡泊的隐逸风致与燕服想要彰显的礼制秩序相去甚远。

赐服

纵观明代服制，固定装饰官品补子的实际只有官员常服一种，那我们印象中官服上无处不在的动物纹样还体现在哪里呢？

明代还有一类以动物纹样装饰的特殊官服：赐服。顾名思义就是蒙圣恩由皇帝赏赐的特殊官服，在明代被视为极大的荣宠。皇帝赐服的记载在《明实录》中屡有出现，或因辅政，或因战功，或因封袭，或因归顺，受赏赐者上至王公宰辅，下至宦官军士，受者无不以此为荣。

严格来讲，明代的赐服有两大类。一是受赐官员获得高于自身品级的官服赏赐。《明史·舆服志》记载："历朝赐服，文臣有未至一品而赐玉带者，自洪武中自学士罗复仁始，衍圣公秩正二品，服织金麒麟袍、玉带。"麒麟补为公侯所服，玉带为一品官所用，都超过了受赐二人原本的官品。这种赐服方式，在隋唐时被称为"借服"，自品色衣制度定立以后历代皆有。二是受赐官员获得品级官补体系之外的图案赐服。这种赐服主要有三种：蟒服、飞鱼服和斗牛服。这三种服装的纹饰都与皇帝所穿的龙衮服相似，蟒、飞鱼和斗牛都是在龙的形象基础上衍化发展出的新形象，形式上既有正方形的方补，也有通体装饰的缠身大样，本不在正式品官服制之内，只有蒙恩特赏才能获得。

▶ 明代王鏊像。王鏊（1450—1524）是明代名臣和著名文学家，明孝宗成化十一年（1475）进士，正德元年（1506）入阁，拜户部尚书、文渊阁大学士，次年加少傅兼太子太傅、武英殿大学士。因宦官刘瑾当权，不得志而辞官。王阳明赞其为"完人"，唐伯虎称其"海内文章第一，山中宰相无双"。画像中王鏊着玉带红袍，通体以多条蟒纹为饰，下摆以海水江崖纹衬托，气势慑人。蟒袍是赐服中的最高等级，玉带是一品以上官员才能使用，因此明人就以"蟒袍玉带"指代位极人臣的尊贵身份

蟒服

◀ 明代香色罗彩绣蟒袍，山东博物馆藏。前胸、后背各绣一条过肩大金蟒，两袖前后各绣一条盘金侧蟒，周围装饰水波、花卉、如意云头等辅纹

三种常见赐服中，蟒服是最尊贵的。蟒原指大蛇，但明代所谓的蟒，整体造型与龙几乎一样，区别只在爪部，就是四爪（趾）的龙。因为五爪龙纹是只有皇帝和皇亲才可以穿着的，所以就以四爪蟒服赏赐臣下，显示表彰与嘉奖。

这种四爪蟒纹倒不是明代首创，前文讲过四爪蟒补的缎子早在元初就已经在民间街市上售卖了，那买了缎子的人自然会用它制作蟒补衣裳，元代对此并没有禁止。而这种图样到了明代重被收归朝廷服制，赋予尊贵的象征意义。

同是蟒衣，其中还有两个细分的等级。荆州博物馆藏有一幅张居正坐像，所穿的赐服图案就是更为贵重的正面"坐蟒"形象。而王鏊在明代虽也贵为首辅，但他的在任时间与作为都远不及张居正，所以得到皇帝赏赐的蟒袍正面就是一条侧身行进的"行蟒"，从稀有性和尊贵程度上来讲要次"坐蟒"一等。

▲ 明万历朝官窑烧制五彩龙凤纹盘，有底款"大明万历年制"，故宫博物院藏。皇家御用器物，上绘龙纹亦为五爪

◄ 明代南熏殿旧藏《历代帝王像》。明嘉靖皇帝（1521—1566年间在位）戴翼善冠，穿十二团龙十二章衮服，龙袍及座后屏风上所饰龙纹均为五爪

飞鱼服

飞鱼服是次于蟒服的一种赐服。明人所称的飞鱼，并不是自然界里拍打翼状鳍滑翔于水面的那种鱼类，而是一种龙头、鱼尾、有翼的神话动物。《山海经》记载这种"文鳐鱼"身如鲤鱼而有灰白色花纹，有鸟翼，白头红嘴，常于夜间飞行在西海、东海，叫声似鸾鸟，是"见则天下大穰"的祥瑞。后世在《山海经》的基础上不断强化飞鱼的神性，至宋代《太平御览》已称它身长丈余，有如蝉翼般的多重羽翼，将其更加神兽化了。

飞鱼服上的飞鱼形状似蟒，比龙稍短，有角，长有鱼尾、双翼，有腹鳍一对。与龙、蟒常以云纹为背景不同，飞鱼通常以水波纹为背景，也不会作吐珠、喷火之类的飞龙样式。

◀ 明代盘金彩绣飞鱼纹方补。蟒身，鱼尾，身下有与蟒纹相似的四爪，亦有鱼鳍，行于海水江崖纹上

斗牛服

斗牛原是指天上星宿"斗宿"和"牛宿"，属北方玄武七宿。斗宿六星排列如斗，一般称其为南斗；牛宿六星状如牛角，古称牵牛，著名的牛郎星就是牛宿六星之一。斗牛的纹样从尊贵程度来讲，又要次于飞鱼之服。

▲ 山东博物馆藏明代斗牛补青罗袍，四爪，两角弯曲如牛角

▲ 明代红色湖绸斗牛袍，
山东博物馆藏。前胸、
后背盘绕两条首尾相向
的斗牛纹样，膝襕处饰
两条舞动的斗牛，皆龙
形牛蹄

禁绝与僭越

按照明代服制规定，常服补子纹样"上可兼下，下不得僭上"。也就是说，如果一位一品大员对鹌鹑纹样有特殊的喜好，理论上是可以为自己做一件九品官的鹌鹑补子常服的；但一位九品官无论多么喜欢仙鹤纹样，都不能穿着一品仙鹤补子常服，否则就是僭越，被发现了轻则申饬，重则治罪。不过虽然规定如此，到了明代中后期，还是出现了很多不遵守服制的行为。由于明代官员的常服并不是朝廷统一制作分发，而是官员们按照自身品级所对应的款式自制，这就给不按品级自制、使用高品级补子纹样大开方便之门。明后期文官们每日或要上朝面圣，或要在衙门办公，自有御史、同僚监督着，一般还能遵循制度穿着，但武职品官们领兵在外，在军士部下面前为了显示地位和权威，往往公然违反制度穿高品级补子的补服，一品狮子补常服最为常用，五至九品武官的熊、彪、海马补子，不但穿的人极少，连制作的人也几乎没有了。

明人沈德符《万历野获编》中有一段对狮补泛滥的生动记载，说万历朝末年，低级武官们全然不按服制使用补子，无论品级大小都穿狮子补，甚至连普通兵士都喜欢穿狮子补服。有时候小兵犯错受罚，狮补衣也不脱就直接被捆绑起来挨鞭子，抽得满地打滚，一会儿打完了，爬起来拍拍尘土继续当差。沈德符不禁感慨，原本象征一、二品身份的高级补子沦落到这般田地，实在是有辱斯文啊。

不仅常服，赐服的使用在明代中后期也有逐渐失控的趋势。与常服由官员自备不同，赐服所用的衣料是由应天、苏、杭等州府的官营织造处生产出来上交内库，再依据皇令赏赐臣下的。早在正统十一年（1446），明英宗就对工部官员下令，凡有私自织绣蟒龙、飞鱼、斗牛等违禁花样的，工匠处斩，其家人发配充军，穿用的人也要严惩。弘治十七年（1504），孝宗对吏部尚书刘健说内臣僭穿蟒衣的现象尤其多，并重申服色禁令："蟒龙、飞鱼、斗牛，本在所禁，不合私织；间有赐者，或久而敝，不宜辄自织用。"

嘉靖十六年（1537），皇帝在出巡的驻地见到兵部尚书张瓒穿着蟒服面圣，怒问阁臣夏言："尚书二品，何自服蟒？"夏言回奏说张瓒所穿乃钦赐的飞鱼服，没有僭越。嘉靖皇帝追问，飞鱼补哪里来的两只角？按照当时服制，飞鱼头上只有一角，有两只角的是蟒，张瓒的飞鱼服还是逾制了。于是礼部再次重申，文武官不许擅用蟒衣、飞鱼、斗牛等华异色服。

然而，在一次次下旨禁绝的同时，又是皇帝一次次的任意赏赐。到了明代后期，通过赏赐高等级纹样的服饰来笼络大臣，已经成为皇帝的常用手段。随着这一手段的反复使用，没能得到赏赐的官员们和民间百姓都开始仿效，赐服和各种高级纹样的泛滥不可避免。

这类现象在明人的笔记小说中可以看到不少。如《金瓶梅》第七十三回："伯爵灯下看见西门庆白绫袄子上，罩着青缎五彩飞鱼蟒衣，张牙舞爪，头角峥嵘，扬须鼓鬣，金碧掩映，蟠在身上，唬了一跳，问：'哥，这衣服是那里的？'……西门庆道：'此是东京何太监送我的。我在他家吃酒，因害冷，他拿出这件衣服与我披。这是飞鱼，因朝廷另赐了他蟒龙、玉带，他不穿这件，就送我了。此是一个大分上。'伯爵极口夸道：'这花衣服，少说也值几个钱儿。此是哥的先兆，到明日高转，做到都督上，愁没玉带蟒衣？何况飞鱼！只怕穿过界儿去哩！'"

清代的补服

一代昭度为衣冠

清朝的前身是后金，清太祖爱新觉罗·努尔哈赤（1559—1626）二十五岁起兵统一女真各部，至明神宗万历四十四年（1616）在赫图阿拉称"覆育列国英明汗"，国号大金（史称后金），年号天命。服制的建立离不开物质材料的支持，在后金建国以前，女真使用的锦缎与布匹主要来自与明朝和朝鲜王朝的互市交易，有金钱或者能力在互市中取得高级衣料的人就可以穿用绫罗绸缎，衣着服饰并没有严格的身份等级。后金建国之后，也依旧存在"衣服则杂乱无章，虽至下贱，亦有衣龙蟒之绣者"的现象。当时有出使后金的朝鲜使者申忠一，在与后金的一位官员聊天时，后金官员问："你国宴享时，何无一人穿锦衣也？"想要挖苦人家国势不强、地位不高。朝鲜使者回击道："衣章所以辨贵贱，故我国军民不敢着锦衣，岂如你国上下同服乎？"意思是说我们国家的上下衣着都遵循礼制，乃是礼仪之邦，哪像你们还如化外之人一样胡乱穿衣！

到了努尔哈赤之子清太宗皇太极（1592—1643）的统治时期，后金在与明朝的战争中不断取得胜利，政权更加巩固，随着官僚体制的发展，官服制度也逐步改进完善。1636年，皇太极改国号为"大清"，定族名为"满洲"，并改元崇德。《清史稿》记载"盖清自崇德初元，已厘定上下冠服诸制"。在这个时候，就新朝服制应当遵从汉俗还是满俗，满族权贵内部产生了不同的意见。

历代北方民族建立政权之后，对汉族服饰制度的继承程度各不相同。契丹建立辽王朝，服制分为南北两班，君主和汉官穿汉服，太后和契丹族官员穿契丹服，算是折中的处理方法。北宋末年靺鞨女真建立的金朝，在进入中原后改穿汉族服饰，走了全盘汉化的路子。蒙古族建立元朝以后，宫廷服制先是沿用宋代形制，后又制定了兼具汉族和蒙古族特点的"质孙服"制，但王朝服制一直不很完整。由此看来，少数民族政权建立以后，"汉化"改变不可避免，区别只在于改变的程度。那清初的统治者要如何抉择呢？

后金重臣巴克什·达海出身满洲正蓝旗，通晓满汉文义，曾为努尔哈赤翻译《明会典》等汉文典籍，又在皇太极时受命完善满文。他向皇太极建议，改满洲衣冠，效仿汉人服饰制度，但皇太极没有答应。乾隆年间又有人劝改服汉族服饰，乾隆二十四年（1759）弘历在为《皇朝礼器图式》一书所作的序中明确表态："衣冠制度是一个朝代的立朝之本，根本没有必要承袭前朝旧制。朕必会坚持我朝的服制不敢改变，朕的后人也不可以妄议衣冠，做背弃祖宗的罪人。况且历数北魏、辽、金以及元这些非汉族建立的朝代，凡是改用汉式衣冠的，都国祚不长。朕的后世子孙们，一定要与朕同心，保

▶ 清郎世宁绘《乾隆皇帝大阅图轴》，描绘了1739年乾隆二十九岁时在京郊南苑举行阅兵仪式时的戎装像。乾隆朝每三年大阅一次，鼓舞士气，以壮军威，也是对八旗将士的鞭策

持警醒，不可重蹈覆辙。"

　　清代视服饰为"立国之经"，非常注重在服装上保留民族的传统，在关外游牧、狩猎时方便骑马的行服褂、护手用的箭筒、猎物皮毛做成的衣物等，都被保留在服制体系中。然而，入关以后，满族统治者要治理一个疆域辽阔、人口众多的文明古国，其政治制度和思想观念上的改变必然也会带来服饰制度上的变化，对明代服制的借鉴和融合是不可避免的。

▲ 清郎世宁等绘《马术图》横幅（局部），描绘乾隆十九年（1754）乾隆皇帝在承德避暑山庄接见蒙古族首领的情景。这两个画面表现的是正在为乾隆皇帝、蒙古族首领和文武百官表演精湛骑术的八旗将士

　　对此，清统治者认为"润色彰身，即取其文，亦何必仅沿其式"，即本民族的衣冠样式必须保留，而装饰纹样则可以选用明制。补子，就是清代在皇帝冕服十二章、高级命妇冠上的凤翟之外，对明代典制服饰的另一项继承。

　　补服制度在清代的起源可以追溯到天命六年（1621），《满文老档》记载，当年七月，努尔哈赤颁发规定："诸贝勒服四爪蟒缎补服，都堂、总兵官、副将服麒麟补服，参将、游击服狮子补服，备御、千总服绣彪补服。"这些以动物纹饰来表示官员职品高低的观念显然来自明朝的补服制度。明、清双方虽然在军事上处于对立状态，却不妨碍在其他方面的相互影响，特别是对缺少政治制度经验的清朝来说，明朝既是他们的敌人，也是他们的老

▲ 五品水晶顶珠冬帽，二品锦鸡补子，另有八个东珠、红宝石、蓝宝石、水晶等不同品级的顶珠

师。况且这种对官服补子的承袭，还具有"陶镕满汉""招徕远人"的政治含义，可以招徕和安抚转投后金的明朝官员们。努尔哈赤还施行了一些促进锦缎、补子生产的举措，从物资上为补服制度的建立奠定了基础。

之后从皇太极崇德年间到顺治初年，清朝的服饰制度不断完善，等级差别在服饰上的体现逐步细化。随着"九品十八级"官阶的确立，最先制度化的是官帽顶戴的品级之制。与中原重玉的习俗不同，清代最尊贵的顶饰为"东珠"，也就是采自东北松花江、黑龙江、乌苏里江、鸭绿江等流域的野生淡水珍珠，满语称之为"塔娜"，以区别于产自南部沿海地区的海水"南珠"。东珠的采集非常不易，往往"易数河不得一蚌，聚蚌盈舟不得一珠"。再加上满族人以东北为"龙兴之地"，对产自家乡的东珠格外珍视，认为"岭南、北海产珠，皆不知东珠之色若淡金者贵"。东珠是只有皇族、勋贵和一品文武官员才能够使用的顶饰，按照帽子上东珠的尺寸大小、数量多少再来细分等级。如"辅政王及诸亲王冠顶，用东珠十颗，前金佛嵌东珠五颗，后金花嵌东珠四颗"；"郡王冠顶，嵌东珠八颗，前金佛嵌东珠四颗，后金花嵌东珠三颗"；"公及和硕额驸，起花金帽顶，上衔红宝石一大颗，中嵌东珠三颗"；"一品，起花金帽顶，上衔红宝石一大颗，中嵌东珠一颗"。自二品以下，依例使用红宝石、蓝宝石、水晶和金、银作为顶饰，等级区分严格。

顺治九年（1652）四月，清王朝定立诸王以下文武官民服饰，明确以补子纹样区别品级，补服制度正式确立。此后康熙、雍正、乾隆各朝都对补服制度进行过修订，至乾隆二十四年（1759）《皇朝礼器图式》编撰完成，补服制度再没有进行过大的调整。

从"品色衣"到"一色褂"

▲ 明（左图）清（右图）官服对比

　　将明代和清代的官服形象放在一处比较，既可以从相似的补子纹样看出二者之间的承继关联，也可以轻易区分而不至于混淆，因为二者在构成元素上有着明显的差异。

　　首先看"冠"的部分，明代作为官位代名词的"乌纱帽"到清代已经不可见了，取而代之的是俗称"大帽子"的礼帽。这礼帽又分为两式，夏季戴的称凉帽，圆锥形，以玉草或藤丝、竹丝为骨，帽顶四周用红色纬缨装饰；冬季戴的称暖帽，圆形有一圈向上反折的冠檐，质地多为各种皮毛，帽顶周围也饰有红色的帽纬。区分官品地位的除了前面已经介绍过的顶饰之外，还有帽顶后面翎管中插缀的一根孔雀羽毛，即"花翎"，花翎尾端还有状如眼睛的图斑，被称为"眼"。按照品级规定，皇帝和亲王、郡王一般不戴翎饰，贝子戴三眼花翎，镇国公、辅国公、和硕额驸等戴双眼花翎；一至五品

清代画作中描绘的凉帽（左图）和暖帽（右图）形制

官员及一至三等侍卫戴单眼花翎，六品以下官员戴无眼的蓝色翎。

　　二是补服的款式。明代官服的补子是直接织绣在圆领袍服上的，而清代的补服则是套穿在吉服袍子或朝服袍子外面的，不是"袍"而是"褂"。而且明代补服前胸的补子是完整一块

◀ 山东博物馆藏清代暖帽和花翎实物。暖帽黑布面、蓝布里，黑丝绒帽檐，帽顶铺红缨，正中竖一颗长圆形铜顶子。两根花翎分别为单眼（下）和双眼（上）

▲ 康熙朝晚期的一对豹补，前片（右）为了配合衣襟被分为左右两部分，后片（左）则是完整的

的，而清代因为"补褂"是对襟，前身分为左右两片，所以前胸的补子也被分成了左右两个半块，只有将褂子扣上时才拼在一起组成完整的图案。

三是服色。明代承袭了自北周以来的"品色衣"服制，饰有补子的常服之袍按照品级高低分为绯、青、绿三色，因此补服的颜色并不统一。清代官员补褂的颜色虽然略有深浅、明暗的差异，但整体均为蓝色调。至乾隆朝《皇朝礼器图式》编撰完成，明确规定各级官员补服色用石青，一直沿用至清末。所谓"石青"色，是一种深沉得接近黑色的蓝色调，古人云，"青，取之于蓝而青于蓝"，其原料是孔雀石的伴生矿蓝铜矿或青金石，在清代是"正色"之一，上自帝王下至百官都穿着这种颜色，而仆从和普通百姓是不可以使用石青色衣料的。

▶ 明人余士、吴钺作于万历年间的《徐显卿宦迹图》（局部），图册共二十六开，描绘了徐显卿十二岁至五十一岁的生平。此幅表现的是徐显卿在朝堂上领受敕令，百官常服服色各异

▶ 清代宫廷画家绘《万树园赐宴图》横幅（局部），描绘乾隆十九年（1754）乾隆皇帝在承德避暑山庄万树园设宴款待蒙古族杜尔伯特部首领的情景。画中乾隆皇帝正乘坐步辇进入宴会场地，步辇前先导及在一旁跪迎的王公大臣一色穿石青色补服

▲ 故宫博物院藏同治年间八团彩云蝠金龙纹夹褂，前后各三团五爪正龙，两肩各一

　　四是补子的形制。在清代，皇帝本人所穿的八团龙纹（前后各三团，两肩各一团）衮服，虽然也是补服的形式，却不称之为补服、补子。亲王、郡王、贝勒、贝子等人所穿的绣有团龙图案的礼服、吉服则也称为"补服"，因此那些圆龙纹和蟒纹也是一种"补子"。他们身份的高下以团龙、团蟒的数量和姿态决定：亲王补服绣五爪金龙四团，郡王补服绣五爪行龙四团，贝勒补服绣四爪正蟒两团，贝子补服绣四爪行蟒两团。与明代蟒服上坐蟒纹的

▲ 身穿四团五爪行龙补褂的爱新觉罗·载
涛（1885—1949），醇亲王奕譞第六
子，光绪皇帝的弟弟，光绪三十四年
（1908）加郡王衔，因此服五爪行龙四
团补服，宣统元年（1909）曾赴欧美考
察筹办海军

▲ 上：五爪行龙团补。下：五爪金龙团补

地位高于行蟒纹相似，清代服制中正面姿态的龙、蟒纹也比侧面姿态的更为高贵。另外，清代的补子形状还分为圆形和方形两种，爵位在贝子及以上者用圆补，爵位在镇国公及以下者和文武百官用方补。

就各品级官员补子所用的禽兽种类而言，明代与清代几乎没有差别。按照乾隆二十四年（1759）完成的《皇朝礼器图式》对补子的具体规定：文官一品用鹤，二品用锦鸡，三品用孔雀，四品用雁，五品用白鹇，六品用鹭鸶，七品用鸂鶒，八品用鹌鹑，九品及未入流用练鹊；武官一品用麒麟，二品用狮，三品用豹，四品用虎，五品用熊，六品用彪，七、八品用犀，九品用海马。另外都御史、副都御史、监察御史、按察使及各道都用獬豸。与明代的补子相比，清代补子体系更加完善的是动物纹样与官品的对应更加明确，除了武官七、八品同用一种纹样外，其余都是一种纹样对应一级官品，不像明代的武官补子基本是每两个品级对应一种动物纹样。

虽然同是这些种类的飞禽和走兽，从明代到清代，补子的规格和纹样还是在逐渐变化的。首先，明代补子的边长为 30 至 40 厘米，清代的方补要稍小一些，大多边长 25 至 30 厘米。其次明代的补子四周多没有边饰，清代的补子则多有花边装饰。另外，明代的文官补子上的飞禽常常是成对出现的，而清代补子上的禽兽全部是单只的。最后一点，自古以来北方少数民族在审美追求上都喜欢金银彩宝，所以清代的补子多是五彩织绣，色彩艳丽，配色上要比明代的更具装饰性。

▲ 文官一品仙鹤补（约1840）

▲ 武官一品麒麟补（乾隆朝晚期）

▲ 文官二品锦鸡补（约 1850）　　　　　▲ 武官二品狮补（约 1850）

▲ 文官三品孔雀补（乾隆朝中期）　　　　▲ 武官三品豹补（约 1840）

▲ 文官四品雁补（约 1830）　　　　　　▲ 武官四品虎补（19 世纪晚期）

▲ 文官五品白鹇补（乾隆朝晚期）

▲ 武官五品熊补（约1850）

▲ 文官六品鹭鸶补（约1830）

▲ 武官六品彪补（约1850）

▲ 文官七品鸂鶒补（约1830）

▲ 武官七、八品犀牛补（晚清）

▲ 文官九品练鹊（绶带鹩）补（约 1830）

▲ 武官九品海马补（光绪朝）

▲ 文官八品鹌鹑补（19 世纪早期）

▲ 都察院及按察司用獬豸补（清初）

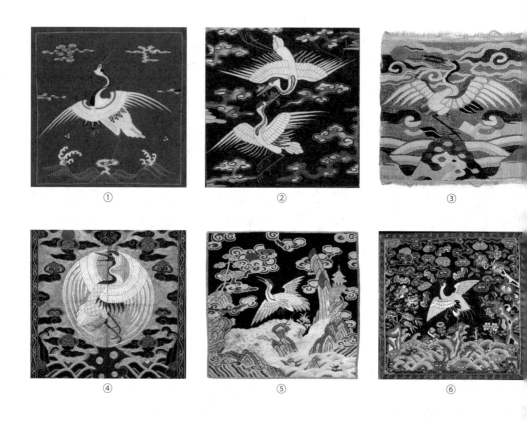

①   ②   ③

④   ⑤   ⑥

▲ 以文官一品仙鹤补子的传世实物为例，①②是明代的，③为明末清初，④⑤⑥是清代的，具体年代依次为康熙朝早期、乾隆朝早期和清末。可见清代的用色较为丰富，仙鹤的姿态更加固定。而且清代愈到晚期补子背景中的吉祥符号愈多：蝙蝠（寓意福）、葫芦（寓意福禄）、暗八仙（八仙所持的宝物或法器，寓意赐福免灾）、桃子（寓意长寿）、牡丹（寓意荣华富贵）等，几乎把小小的补子全部填满

清代补服如何穿用

前文已经讨论过，明代的补子主要用于官员的常服，在参加常朝和日常办公时穿着。那么清代的补褂又是如何穿用的呢？

从流传至今的图像资料来看，清代的补褂里面都会套穿一件袍服，袍服的躯干部分被补褂遮挡，只露出小腿至脚面位置的下摆和两手马蹄袖，颈部的硬领或批领则是另外佩戴的。整体的形制就像下面这两张老照片所展示的。

▲ 婚礼吉服，佩硬领，戴暖帽，所挂吉服珠上坠有三串小珠，每串十颗，称为"纪念"

▲ 礼服，佩批领，戴夏帽，挂朝珠。衣、领分制原是满人旧俗，入关以后的服制也保留了这种习俗

清代官员服饰按照穿着的不同场合及用途，可以分为礼服、吉服、常服、行服、雨服和便服，其中除便服以外，在《皇朝礼器图式》中都有详细规定。与明代以补服为常服不同，清代常服的用途略同于明代的燕服，无事时随意穿着，包括有内穿之袍和外穿之褂，但是褂上是无补的。而补服同时兼具了礼服和吉服两种功能。补服与朝服套穿时属于礼服，配披肩式的批领，用于君臣早朝会、祭祀之时；与蟒袍套穿时属于吉服，配小圈硬领，用于登基册封、朝贺、常朝升殿、筵宴、成婚下嫁等嘉礼和某些吉礼、军礼之时。总之，在清代的品服体系中，补服的使用是相当活跃的。

▲ 清乾隆十四年（1749）郎世宁绘《围猎聚餐图轴》（局部），描绘了乾隆皇帝一行结束围猎后，扎营休憩、煮食鹿肉的场面。画面中坐者即乾隆皇帝，他和随行侍从都穿着行服。行服是骑射、围猎和出行等场合穿用的服饰

▲ 清嘉庆年间蓝色暗花绸
常服袍，圆领、大襟，
前后开裾，马蹄袖

▲ 清道光年间青色暗花
纱常服褂，圆领、对
襟，四面开裾，平袖
口。清代常服也为袍、
褂套穿

　　既然清代的吉服是在"蟒袍"外加套补褂，那就先来看一下蟒袍在清代的穿用情况。在明代，蟒袍有通体蟒纹和蟒纹方补两种，除了用作锦衣卫堂上官的祭服之外，其他官员未得到皇帝的赏赐不能随意穿着，是一种象征着很高的身份和地位的袍服。而在清代，蟒袍不再如此特殊和尊贵，只要有资格穿补服的人都可以穿着蟒袍。清代蟒袍的基本款式是圆领、大襟、窄马蹄袖、通体蟒纹，不同身份地位之间的差别主要体现在蟒袍的颜色、蟒纹数量和蟒纹爪数上。按照制度规定：皇子蟒袍金黄色，绣五爪九蟒，袍身前后左右四裾全开；亲王、郡王蟒袍可用蓝及石青诸色，形制与皇子蟒袍相同；贝勒蟒袍除金黄色外其他颜色都可以使用，绣四爪九蟒。文武官员的蟒袍皆用蓝及石青色，只开前后两裾，三品以上绣四爪九蟒，四至六品绣四爪八蟒，七品及以下绣四爪五蟒。根据史籍记载，清代皇帝也曾以蟒袍作为恩

▶ 山东博物馆藏清代蓝缎织金蟒袍，圆领、右襟、马蹄袖，前胸和两肩上各饰一条金正蟒，前后膝襕处饰有四条金行蟒，马蹄袖口各一条行蟒。袍身的底部装饰有一组海水江崖、五彩曲水纹样

▶ 曲阜文物管理委员会藏石青绸制金龙纹朝袍，内衬皮毛里。通身平金绣正龙、行龙三十四条，间饰仙鹤、蝙蝠、暗八仙、海水江崖等纹饰。由于外穿补褂之后蟒袍或朝袍的大部分都被遮挡，只能从露出的袍服下摆和佩戴的是硬领还是批领来分辨吉服和礼服

宠赏赐，如赐亲王穿金黄色蟒袍，或赐臣僚穿五爪蟒缎。从这个意义上来讲，高等级的蟒袍也具有赐服的功能。

另外，在补褂作为礼服时与之套穿的朝袍，在《清会典》《国朝官史》等史籍中都有它单独穿用的记载，称皇帝赴坛、庙举行祭祀时，车驾出入宫城，王公百官均穿朝服迎送。每年忌辰、清明、孟秋望、冬至祭祀、皇子祭陵时，成年皇子们和执事官员也穿朝服。这里的朝服就应该直接外穿，外面不必套穿其他服饰。无论单独穿着还是与补褂套穿，朝袍的形制、纹样都要照章制备和穿着。

清代的传世纪实性绘画作品很多，特别是宫廷画师奉命绘制的画卷，详细描绘了朝贺、筵宴、出巡、阅兵等典礼场面，其中官员的穿着必定是按照当时的制度绘制的，正可以帮助我们了解清代官员的补褂穿用情况。

既然补服在清代如此重要，四季皆有场合需要穿用，

清郎世宁等绘《马术图》（局部），描绘乾隆十九年（1754）在承德避暑山庄接见蒙古族首领的场景。乾隆皇帝着衮服，率文武官员与蒙古族首领一同观看八旗官兵的骑术表演。这个会见外藩首领的场合属于宾礼，百官皆身着吉服（补褂套穿蟒袍），或立于道旁，或骑于马上，表情肃穆

上：《紫光阁赐宴图卷》（局部）。筵宴之礼是嘉礼的一种，乾隆二十六年（1761）在紫光阁为平定准部、回部的立功大臣设宴庆功，皇帝身穿衮服，百官吉服（蟒袍外着补褂）出席。同为宴会，北京故宫博物院另藏有一幅《塞宴四事图》，描绘的是乾隆皇帝一行至塞外观赏蒙古族诈马等四项活动的场景。因为身在塞外，超出了礼制规定的范围，是带有娱乐性质的非正式筵宴，所以画卷中所有官员没有一人穿补褂

下：《塞宴四事图》（局部）

那理应按照寒暑更替有不同的薄厚材质。但在清代的服制文献中，仅记述了皇帝衮服、朝服的时令变化，如"本朝定制，皇帝常服褂，色用石青，花文随所御，棉、袷、纱、裘各惟其时"，"春秋棉、袷，夏以纱，冬以裘，各惟其时"。对百官补服的季节性变化却未有记载。

有学者根据《翁同龢日记》对19世纪后半叶北京地区的季节性换装做了统计。翁同龢的日记记录了他的日常工作和生活，其中有大量关于更换服装的条目，整理下来袍褂材质按照保暖、散热的性能不同可以分为棉衣、夹衣、单衣、纱衣和皮衣五大类，每年四月（公历，下同）下旬穿约半个月夹

衣，五月上旬换单衣，再约半个月后换纱衣，从五月底穿至九月中上旬，再次更换单衣，半月余换夹衣，再十来日就要换成棉服乃至皮裘了。看来北京春秋季节时间较短，忙不迭换衣、换季的特点在清末就是如此了。

补褂不能单独穿着，必须套穿在蟒袍或朝袍上，但是到了三伏天，可以不穿补褂礼见，俗称"免褂"，又称"花衣期"。而冬季，在图像和实物资料里都常常看到补褂边缘露出一条毛皮边缘，显然是在补服内里加衬了毛皮，保暖性大大增强。

《万国来朝图轴》（局部），同类题材的画作在清代宫廷画中数量较多。此作描绘了清代属国使臣在重要节日来朝贺的场面，属于宾礼的一种。百官聚集在太和殿前、太和门内外，部分穿着蟒袍补褂，部分穿着蟒袍端罩。"端罩"是整件毛皮制成的冬季礼服外套，相当于一件御寒的毛皮大衣，只有文官三品、武官二品及以上官员才有资格穿用

清乾隆朝《万国来朝图》中所绘皇帝身穿端罩的情景。时值春节，正是隆冬，乾隆皇帝穿着端罩抱着皇子正在看放爆竹，皇子穿蟒袍，外罩四团龙褂

皇清誥贈光祿大夫十八代衍聖公觀我闇閭路振公鑴公鑴像

▼ 清代第二十三代衍圣公孔传铎画像，曲阜文物管理委员会会藏。孔传铎（1673—1732）为孔子第六十八代孙。清雍正元年（1723）袭封衍圣公。画中孔传铎头戴红宝石顶子夏朝冠，外着薄纱蟒补褂，内穿朝袍。半透明花纱制成的补褂，虽然还是套穿，但在炎炎夏日里透气性会好一点。清代用于制作夏季补服的纱共有三种，从厚到薄分别是实地纱、芝纱和葛纱。又把表面不提花的称为素纱，提花的称为花纱。官员们夏季穿着的应当都是花纱，所以会有『花衣期』一说

清代官员肖像画，绘制于冬季，戴暖帽，补褂前襟、下摆和袖口均露出内衬的毛皮边缘

▲ 两位到访中国的美国人和接待他们的清朝官员合影。到访时节显然是在冬季，站在前排的三位官员，右一应当是文官三品或武官二品以上品级，身穿端罩；中间一位未穿补服，但能看出外褂比较厚实，应是冬季棉服；左一补褂的补子纹饰辨识不清，戴毛皮硬领，在补褂的下摆处可以看见露出的毛皮边缘

补服的逾制

清代皇家宗室的补服和补子都是由江宁（今南京）、杭州、苏州三大江南织造局承办的，尺寸、图案都有严格的规定，用料考究、做工精细、造价高昂。但各级品官所穿的整套官服与明代一样，是由本人按照典章自备的。清人李宝嘉《官场现形记》里就写了一个叫黄三溜子的候补道台，为了应付不喜欢下属衣饰奢华的上司，要临时制备一身"极破极旧的袍套"，于是搜罗了一包别人穿旧的靴、帽、袍套。"连忙找一个裁缝钉补子，但是补子一时找不到旧的，只好仍把簇新平金的钉了上去。管家帮着换顶珠、装花翎，偏偏顶襻又断了，亏得裁缝现成，立刻将红丝线连了两针。翡翠翎管不敢用，就把管家的一个料烟嘴子当作翎管，安了上去。"可见当时补子是先单独织绣好后再缀补到补褂上的，而且是在裁缝铺子里由裁缝制作完成。采用这种制备方式的结果就是补服的基本形制自有制度规定，但细处就不可能做到整齐划一。即便是相同品级官员的服饰，也会由于用料、做工的不同而有所出入，要管束起来更加不易。

清代曾数次下旨强调，补子"上可以兼下，而下不可以兼上"，除非超越本品的服饰来自皇帝御赐，否则越级穿用的话，衣物要罚没入官，有官品者罚银，没有官品者鞭责。雍正三年（1725）十二月，雍正皇帝处置大将军年羹尧，历数其罪状，僭越之罪十六条中就有涉及服饰僭越的内容，如说年羹尧本人擅自穿开四衩的衣服，儿子擅自穿四团补服；狂悖之罪十三条中也包含"纵容家人魏之耀等穿朝、补服，与司道、提镇同坐"。

但即使有许多因服饰逾制而受惩处的例子，想要在整个庞大的官僚系统中杜绝服饰僭越的发生仍然是不可能的。不仅在皇朝衰落时会逐渐失去对服制的约束力，即便是在国势昌盛的乾隆朝里，服饰僭越的情况也不在少数。乾隆自己就曾感慨：每年秋审秋决，那些杀人越货的犯人就已经杀不过来了，又怎么可能把所有穷奢僭越的人都一一绳之以法呢？这并非朕不能做到，而是不忍，也不必如此啊。

随着王朝衰落、制度渐弛，补服的逾制情况日渐凸显，对服制的管束从带有怀柔意味的"不必办"真的发展到了"不能办"的程度。僭越的方式主要包括以下几种：

第一种是穿用高于自身品级的补子，比如低品级武官擅穿麒麟、狮、豹补子。还有些官员同时兼任文职和武职，可能觉得仅用本品级的文禽或武兽都不能反映出自己的身份地位，于是就"累加求和"，擅自用更高品级的补子。不过这种方式未免过于直接，也容易被明文禁止。例如清代道光年间的《兵部处分则例》中就对此有明确规定，同时兼任了文武官职的官员，如果文职品级更高，就用文职禽补；如果武职品级更高，就用武职兽补；如果文职和武职的品级相同，就统一使用文职补服，不允许累计加级，如有违反者要罚俸禄六个月。

另外一些官员的僭越之道就比较隐晦了，他们利用不同级别补子中一些图样的相似性，把补子做得似是而非，看起来好像是更高品级的补子纹样。例如文官六品鹭鸶补和一品仙鹤补纹样就很相似，武官五品熊补和二品狮补的纹样也要仔细辨认才能区分。

三是按照服制规定，圆形团龙图案的补子只有宗亲贵胄才能穿用，但在传世的清代补子中，能够看到一些供晚清官员及其女眷违例使用的圆补。这些补子因为逾制可能难以在正式的补褂上使用，供女眷在内闱使用倒是既满足了虚荣心又不会因此致祸。

▲ 乾隆朝的仙鹤补（左）和鹭鸶补（右），相似度并不太高

▲ 约 19 世纪 30 年代的仙鹤补（左）和鹭鸶补（右），形似度大增，最能够区分二者的仅是仙鹤裸露出的
朱红色头顶

▲ 1850 年以后的狮补（左）和熊补（右），比较显见的差别仅是狮子的体毛卷曲、熊的体毛顺直，而且可以看到熊补的尾毛根部也刻意绣成了卷曲的，相似度再加一分

▲ 麒麟圆补   ▲ 白鹇圆补（1860 年以后）

女用补服

"胸背"从作为一种装饰物出现开始，从来都不是独用在男性袍服上的。《金史·仪卫志》记载："大长公主导从一十二人，皇妹皇女一十人，并服紫罗绣胸背葵花夹袄。"说明金代女子也穿胸背有装饰性图案的袄子。

在明代，随着品官补子制度的确立，这些品官的妻子及受到封敕的命妇们也被纳入到了补服体系之中，跟随她们的丈夫或儿子的官职品级而穿戴。她们的衣着式样即命妇服饰自成体系，与当时的后妃、庶民妇女都不相同。具体来说，可以分为礼服和便服两大类。

《明会典》在"命妇冠服"部分规定，凡命妇入内朝见君后，在家见舅姑和丈夫，以及在祭祀时，都要穿着礼服。我们现在可以看到的明代画像中，得到朝廷封敕的命妇们多穿着礼服，形制为"真红色"大袖衫，补子的纹样与她们丈夫或儿子的官品一致。但命妇补子不分文武都用禽鸟补子，取女子应娴静淑德、"巾帼不必尚武"之意。

至清代，对命妇们的补服规定与明代相同，也是以品级从夫或子、只用禽补不用兽补为原则的。除了禽、兽主题纹样之外，清代的补子上还有一个新的固定纹样：太阳。这个太阳纹样在清初还是没有的，大约出现在康熙年间，随后被固定下来，成为补子纹样的一部分。而官员的妻子在穿着补褂时，上面的禽鸟和太阳的朝向都恰好与她丈夫所用的相反，这样当夫妻二人并坐在一起的时候，他们的补子纹样就会相互呼应。

▲ 明人绘女像轴。女子均身着红色大袖衫，左图胸前补子图案为鹭鸶，应是六品官员之妻；右图补子为
鸂鶒图案，应是七品官员之妻

▲ 左：17世纪中期（明末清初）的虎补，在主题纹样"虎"周围还没有太阳纹饰。中：康熙朝早期孔雀补，右上角云朵上的红色圆形图案即为太阳，但是并不显眼。右：康熙朝晚期鸂鶒补，左上角的红色太阳纹样非常醒目

▲ 清代男女补褂（实物），补子纹样均是九品练鹊，太阳和禽鸟的朝向相反，如同镜像

清人绘官服祖先像，男女补子均为六品鹭鸶纹样，亦左右呼应

尾声

  随着1911年辛亥革命的爆发和清王朝的终结，补服作为官服彻底失去了其合法性，悄然退出历史的舞台。取而代之的中国男性"正装"是长衫、西装或中山装。但是补子、补服并没有完全消失，我们还可以在一些地方看到它们，比如老照片里、拍卖行里和收藏品中。

  另有一件有趣的事情，随着使用补服的时代逐渐离我们远去，补子如今已经成为了一种收藏品，其纹样、色彩、工艺，都有很多可以供收藏者欣赏、把玩的特色。当年补服上的补子是以代表的官品高低决定其价值的，而且在官场上一般文官地位要高于武官，但是现如今，反而是一些代表品级较低的武官补子在收藏、拍卖活动中价格更高。其实道理也很简单，收藏品市场上向来是物以稀为贵，当年武官穿着补服时多僭越品级，武补之中官品较低者的补子，如八品犀牛、九品海马，传世品难得一见。而传世的高品级官员用补子远比低品级官员用补子要多，自然就没有那么珍贵啦。这种情况，应该出乎明清时以穿蟒袍玉带、服仙鹤麒麟为追求的人的意料吧！

▲ 这是一张 1920 年摄于檀香山火奴鲁鲁的照片，一个旅居海外的华人家庭的合影。此时清王朝被推翻已经九年。在这一年，以维护世界和平为目标的"国际联盟"成立，希特勒在慕尼黑组建了纳粹党，吴佩孚与段祺瑞之间爆发了直皖大战，蒋介石得到了孙中山的器重，陈独秀主持起草了《中国共产党宣言》……整个世界都在飞速变化着，而坐在照片中间的那位"家长"，却仍然身穿补服，以此表达他对传统、对故国的认同和追念。这身补服与其身旁子女们的穿着形成了鲜明的对比，仿佛停滞在了动荡不安的时代之外

◄ 用丝绣一品仙鹤补子改制成的手袋，美国汉学者的私人收藏。中国帝制时代的旧物常被有"Vintage"（古着）传统的西方人购得并改作日常使用的物品

下编

风尚之服

穿着时代：唐代（618—907）

主要款式：襦衫、高腰裙、圆领袍

穿着场合：日常

主要特征：喜爱胡风、男装，曾流行袒露与薄透

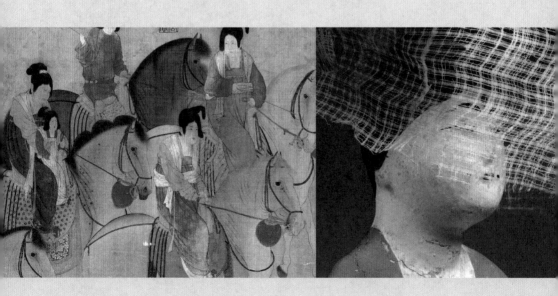

衣橱
第四格

士女皆竞衣胡服

唐代女性服饰

引子

　　提起唐代，总会让人想起广袤的丝路、恢宏的长安城、歌舞升平的开元盛世，以及体态丰盈的宫廷女子们。这是一个获得很高评价并颇受推崇的朝代，多年来讲述唐代传奇的电影、电视剧屡见不鲜，屏幕上熙来攘往的唐代女性总是以华服美饰、性感袒露吸引着观众的目光，而且经过"艺术的夸张"的性感之风更有愈演愈烈之势。那唐代女性是否真如影视作品中那般率性张扬？她们的形象是否真的着装袒露，无惧礼数？

　　其实，现今距唐代虽已悠悠千余年，我们也还是有机会一睹当年宫廷或官宦女子的身姿风采的。在正史与服制的服制记载之外，自唐代流传至今的，不仅有少量纸本、绢本人物画作，更有墓葬、石窟中发现的许多塑像、壁画，其中呈现的女性形象，都向我们展示了历史上丰富的唐代女性服装、造型和生活场景。这些鲜活的女性服饰，比官方典制中记载的要穿什么、不许穿什么，更接近历史的真实。

　　例如下面这幅《虢国夫人游春图》。

▲ 唐代张萱所作《虢国夫人游春图》(今仅存宋人摹本)

张萱是唐代开元年间（713—741）的著名画家，以善绘贵族侍女、宫苑鞍马著称，《太平广记》载："唐张萱，京兆人，尝画贵公子、鞍马、屏帷、宫苑子女等，名冠于时。善起草，点簇位置。亭台竹树，花鸟仆使，皆极其态……其画子女，周昉之难伦也。贵公子鞍马等，妙品上。"张萱所绘的《虢国夫人游春图》，描绘的是唐玄宗宠妃杨玉环的姐姐虢国夫人、秦国夫人（或说是韩国夫人）及其随从春日骑马出游的场景。

这种上流社会贵妇女眷骑马游乐的事情，在唐代是很常见的。长安城东南方郊外的少陵原、曲江池一带，在开元年间得到了大规模的开发修缮，扩大了水域面积，广植花草林木，修筑亭台楼舍，形成了包括曲江池、芙蓉园、杏园、大慈恩寺、乐游原以及原上的青龙寺在内的一片景致，春可赏花，夏秋可观景，是当时长安城最知名的游览享乐风景区。杜甫在天宝十二年（753）有诗作《丽人行》，记述的正是盛唐时贵族女性春游的出行装束和游乐生活："三月三日天气新，长安水边多丽人。态浓意远淑且真，肌理细腻骨肉匀。绣罗衣裳照暮春，蹙金孔雀银麒麟。……后来鞍马何逡巡，当轩下马入锦茵。杨花雪落覆白苹，青鸟飞去衔红巾。炙手可热势绝伦，慎莫近前丞相嗔。"

这些体态妍丽、"炙手可热"的贵族女子在郊外恣意嬉游，展示出了唐代女性的美态和贵族生活的奢华。《虢国夫人游春图》中的鞍马出行，反映的正是这样一场游乐活动。从画中可以看到，虢国夫人头梳当时流行的坠马髻，身穿唐代女性服饰的"标配三件套"：短襦衫、长裙和帔子，面容毫无遮挡地骑在缓缓而行的骏马上，随行的女侍从中还有几人穿着男装。画作除了反映出骑马游春是当时贵族女性的流行爱好，还恰好体现了唐代女性服饰的几个重要特点：胡化之风、男装之好以及袒露之习。

胡化之风

"五胡乱华"之后的社会融合

三国两晋南北朝时期是继春秋战国以后，又一个周边少数民族空前活跃的时期。中原政权和匈奴、鲜卑、羯、氐、羌等少数民族建立的政权之间，不仅攻伐征战不断，政治、经济、文化上或主动或被动的相互交流也极为频繁，少数民族纷纷内迁、汉化，这些民族的礼俗、服饰传统也逐渐传入中原。《后汉书》记载汉末灵帝刘宏（157—189）"好胡服、胡帐、胡床、胡坐、胡饭、胡箜篌、胡笛、胡舞，京都贵戚皆竞为之"。这一连串以"胡"字命名的事物，都是自少数民族地区传入的器具、歌舞，在这个时期逐渐被中原社会所接受，并渗透到士族、百姓的生活之中，给中原的社会生活带来了深远的影响。

在《旧唐书》和《新唐书》中，记载李唐皇室是陇西李氏后人，向上可以一直追溯到春秋时代的老子李耳。当然这种说法疑点很多，自南北朝时起庶族冒充士族、攀附门阀的事情就屡见不鲜，李唐皇室这个世家大族的出身也未必可信。倒是李唐皇室的母系宗族，可以确定自唐初开始就有着胡汉杂

▲ 东晋顾恺之（传）《列女仁智图》（摹本）

▶ 唐人《宫乐图》（摹本）。在北方少数民族的生活方式传入中原之前，中原是没有椅、凳之类的高坐具的。最合礼数的"坐姿"是脱鞋跪在席上，两膝并拢，将臀部落在脚踵上。要探身说话或起身离席时，则挺直腰将上身直立起来，如《列女仁智图》中所绘春秋时代的卫灵公夫人（图右）。而与之对坐的灵公本人则采取了较为轻松随意的"盘踞"坐姿，总之都是席地而坐。到了唐人所绘的《宫乐图》中，十二位宫娥中有十位围坐在桌旁，或奏乐，或畅饮，她们的坐姿就是汉末传入中原的"胡坐"。由于人坐得高了，配合的桌案也要随之升高。在经过了一段漫长的"跪坐""胡坐"混用时期之后，到宋代，"胡坐"正式取代了跪坐，桌椅样式与今日所用的已经非常相似，完全看不出这原本竟是一种"胡俗"了

▲ 河南禹州白沙北宋赵大翁墓出土的北宋元符二年（1099）壁画所绘夫妻对坐图，现藏于中国国家博物馆。画面中男女墓主人袖手而坐，桌椅坐具应是依照当时生活实物绘制的

糅的复杂血统。高祖李渊的母亲独孤氏、太宗李世民的母亲窦氏（北魏改鲜卑族纥豆陵氏为窦氏）、高宗李治的母亲长孙氏都是鲜卑人，如此算来，唐朝开国后几位皇帝的血缘中，汉族所占比例在不断减少，倒是鲜卑血统占比较大。

正因为李唐皇室与鲜卑贵族的深厚渊源，使得他们有更多机会接触少数民族文化、风俗，并且有着开明的民族政策。《资治通鉴》记载唐太宗曾说："自古皆贵中华贱夷狄，朕独爱之如一，故其种落皆依朕如父母。"又说："夷狄亦人耳，其情与中夏不殊。人主患德泽不加，不必猜忌异类。"《册府元龟》则记载唐玄宗也曾对来降的契丹部族下旨表示："混一六合，纪纲四海。开物所以苞举华夷，列爵所以范围中外。"这种不拘族姓、天下一体的"怀柔"政策，促进了民族融合，对有唐一代的政局产生了深远的影响，也使唐朝具备了成为一个拥有广阔疆域、统辖众多民族的大帝国的可能。

由魏晋至隋唐，中原政权包容的民族政策促进了中原与异域各族人民之间的经济、文化交流，既有许多"西出阳关"的中原人，也有来到中原的外族人，带来了更多的胡风、胡俗。《新唐书》记载唐太宗的废太子李承乾（619—645）"好突厥言及所服"，令众人仿效穿戴，使之在长安流行一时。《旧唐书》记载："开元来……太常乐尚胡曲，贵人御馔尽供胡食，士女皆竞衣胡服。"诗人元稹（779—831）《法曲》道："自从胡骑起烟尘，毛毳腥膻满咸洛。女为胡妇学胡妆，伎进胡音务胡乐。"诗歌中生动描绘了女穿胡服在中原地区的盛行。在唐朝立国后的相当长时间里，无论皇室贵胄还是市井庶民，都以胡风、胡服为风尚，自然使唐代服饰演化出了明显的胡化特色。

襦裙

西周以前，中国古代服装的传统主要是"上衣下裳"制，即上下分体的服装。在春秋战国之际，出现了无论男女均可穿着的服装式样，上衣和下裙连成一体，衣料缠绕身体后在腰部缚以大带固定，被称为"深衣"。但这种上下一体的缠身长袍在行动方面多有不便，它的主要存在价值在于对应礼制、约束仪容。到了汉代以后，深衣虽然还被作为礼服使用，但女子日常服饰的流行样式已经变成了"上襦下裙"，即又恢复为分体的上下两段式服装。所谓襦，是一种狭窄短小的上衣。短襦配合着高束至胸下的裙腰，正好在视觉效果上可以拉长下身的比例，显出女子的修长体态。

初唐时候，女装主要还是承袭隋代的传统，流行窄小的款式。白居易在乐府诗《上阳白发人·愍怨旷也》中讲述了上阳宫中一位白发宫女的故事："……玄宗末岁初选入，入时十六

▲ 西汉彩绘女俑，河南洛阳孟津县出土。俑人头梳中分双髻，深衣共有三层，最外一件是右衽宽袖曳地长袍，衣襟盘曲而下，是典型的深衣样式。

▲ 西汉彩绘女木俑（复制品），湖南长沙马王堆一号汉墓出土，现藏于湖南省博物馆。侍女身穿交领大袖菱纹锦缘菱纹绮曲裾深衣，细窄的下摆看起来就不便于行动

今六十。同时采择百余人，零落年深残此身。忆昔吞悲别亲族，扶入车中不教哭。皆云入内便承恩，脸似芙蓉胸似玉。未容君王得见面，已被杨妃遥侧目。妒令潜配上阳宫，一生遂向空房宿。……今日宫中年最老，大家遥赐尚书号。小头鞵履窄衣裳，青黛点眉眉细长。外人不见见应笑，天宝末年时世妆。……"

诗中这位不知姓名的宫女，在唐玄宗天宝末年被选入宫中，虽姿色动人，却从未见到过皇帝，更不要说得到皇帝的恩宠了。她在东都洛阳的上阳宫苑中虚度了一生光阴，一直活到了近五十年后的唐德宗贞元年间（785—805）。史载元和四年（809），白居易向宪宗上奏《请拣放后宫内人》，指出宫女人数逐年增加，已经大大超出了日常驱使所需要的数目，这些宫娥既虚耗国库钱粮供给衣食，又被隔绝在宫苑里虚度年岁，难免心生幽怨。这首诗也正是写在此时，表达了诗人对时弊的关切。诗中描述的"小头鞋履窄衣裳"，就是开元、天宝年间女子真实的流行着装。

诗中所记的"窄衣裳"究竟是什么样子呢？就是由南北朝、隋、初唐至盛唐一脉相承的窄袖襦衣。所谓流行式样，在一个历史时期内是相对稳定的，也会从当时留下来的女子形象上直观地反映出来。所以在出土的南北朝至盛唐的女俑身上，都可以看到这种修身、干练的上襦样式。

不过白居易既然在诗中说"窄衣裳"是"外人不见见应笑"的"天宝末年时世妆"，就说明可能在安史之乱以后，至迟到了唐德宗贞元年间，时髦的女装样式已经发生了变化，原本广受喜爱的窄袖襦衫已经不再流行了。

究其原因，盛唐以前窄袖短襦的盛行，是受突厥、回鹘、吐蕃、波斯等周边少数民族服装影响的结果，是"胡风"带来的潮流。唐人姚汝能在《安禄山事迹》中记述，天宝初年盛行胡风，无论士庶出行都爱穿胡服，戴豹皮帽子，妇人则穿袖子窄小的衣衫。虽然知道这种窄袖衫来历的人，对长安城流行来自域外的服装风格颇有不满，但也无可奈何。然而自天宝十四年（755）安史之乱发生后，七年多的战乱使社会经济、生活受到很大的破坏，也激起了整个社会对安禄山、史思明，乃至胡人群体的厌恶情绪。《旧唐书》记载唐肃宗在至德二年（757）收复长安后，将带有"安"字的各宫门名称

▲（左）东晋（317—420）女陶俑。侍女着襦裙装，上紧下丰，袖手而立。（中）隋代（581—618）青釉女瓷俑，身穿圆领对襟小袖衣配高腰长裙。（右）初唐独孤思贞墓（698）出土的三彩女陶俑，穿小袖上衣，自有一番少女亭亭玉立的风姿

▲ 初唐永泰公主墓壁画侍女图，其中女装的侍女们皆穿窄袖襦衫。永泰公主李仙蕙是唐中宗李显的第七女，唐高宗和武后的孙女，死于武周大足元年（701），葬在陕西乾县，其陵墓是乾陵的十七座陪葬墓之一

全部更改，安化门改为达礼门，安上门改为先天门，长安城内各里坊名称有"安"字的也另改他名。原本寓意平安、安定而在地名中常用的"安"字，一下子变成了避讳，可见当时自统治阶层起，都在试图以各种方式消弭安史之乱带来的痛苦与伤害，其中也包括了感性上的情感阻隔。当时的文献记载，很多中原汉人把开元、天宝年间社会上流行胡服、胡乐、胡舞、胡食等胡化风气，看作是之后戎狄乱华、安史叛乱的征兆，于是在安史之乱以后，很多与胡俗有关的事物，都被认为应当反对和祛除，整个社会兴起了对汉族服饰传统的重视，华丽的大袖袍衫又重新成为了流行款式。

中晚唐时期，襦服的袖子变得日渐宽大，甚至发展到了夸张的程度。中唐时女装袖子的宽大程度是初唐时的二至三倍，晚唐时衣袖甚至宽到几乎与身长相等的程度，能一直拖到地面，差不多是初唐女装衣袖的十倍！女装衣袖尺寸的疯狂增长，使得唐文宗在太和六年（832）下旨，限令衣袖宽度不可过分，规定"襦袖等不得广一尺五寸已上"，然而"诏下，人多怨者"。这种大袖的风气不仅在长安宫廷中盛行，地方上也是上行下效，风气之盛在史籍中多有记载。唐文宗开成四年（839）淮南观察使李德裕奏称："臣管内妇人，衣袖先阔四尺，今令阔一尺五寸。"白居易《和梦游春诗一百韵》道，"风流薄梳洗，时世宽妆束"。元稹在《叙诗寄乐天书》中也评论："近世妇人，晕淡眉目，绾约头鬓，衣服修广之度，及匹配色泽，尤剧怪艳。"既然以"怪艳"形容，可见已经夸张到了令观者难以接受的程度。而且这种女子喜爱穿大袖衣的传统，从中晚唐一直延续到了宋代。宋代的大袖衣也叫广袖袍，朱熹所作《朱子家礼》中就说道："如今妇女短衫而宽大，其长至膝，袖长一尺二寸。"只不过衫子一般是直领对襟式，与唐代的襦衣款式已不相同。

▲ 敦煌莫高窟第 9 窟晚唐壁画，女供养人行列。从壁画中女子的华丽服饰看，应是官至二品的沙州最高
统治者的女眷们。她们都穿着锦绣大袖襦裙，其衣袖之宽大是唐前期的壁画中不曾得见的

▲ 敦煌莫高窟第 156 窟晚唐壁画，宋氏出行图。画题"宋国河内郡夫人宋氏"，是河西节度使张议潮的
夫人，做二品夫人装扮。出行时虽是骑马，衣衫却与初唐时女子马上的窄袖胡服衣装不同，仍穿大袖
襦服

▲ 唐代周昉所作《簪花仕女图》（局部），画中仕女的大袖衫袖长几乎垂至地面，而如纱般轻薄半透的面料，又是晚唐时女子服饰的另一种潮流

"红裙妒杀石榴花"

　　"红裙"是唐代诗作中赞咏女性时一个常见的妍丽意象，诗人们不吝用诸多词句描摹女子的明艳红裙。韩愈在《醉赠张秘书》中写道："长安众富儿，盘馔罗膻荤。不解文字饮，惟能醉红裙。"元稹在《晚宴湘亭》中道，"舞旋红裙急，歌垂碧袖长"。白居易在《江楼宴别》中描述，"楼中别曲催离酌，灯下红裙间绿袍"。皇甫松的《采莲子》更是活泼俏丽："菡萏香连十顷陂，小姑贪戏采莲迟。晚来弄水船头湿，更脱红裙裹鸭儿。"当然其中最著名的诗句，还是万楚在《五日观妓》中写下的，"眉黛夺将萱草色，红裙妒杀石榴花"。

◀ 唐穿衣女子木俑，吐鲁番阿斯塔那张雄夫妇墓（约688）出土。女俑梳双刀半翻髻，穿窄袖小衫、高腰红裙，披帛，正是典型的唐代女子红裙装束

　　如果说古代女性所穿的深衣略相似于现代的连衣裙，那么唐代女子"襦裙"着装中的裙就与现代女性所穿半身裙相似。这种女裙的样式在西汉时就已经出现，但在汉代，女子仍是多穿袍类长衣的，穿裙是在汉代以后才流行起来的一种习俗。由于生产技术所限，古代衣料的幅面较窄，一条裙子往往要用好几幅纺织品连接在一起拼合而成。所以"裙"字本来写作"羣"，汉代刘熙《释名·释衣服》中解释："裙，下裳也；裙，群也，连接群幅也。"

　　两晋至北魏时流行的长裙款式是"间色裙"，就是用两种或两种以上不

◀（左一）初唐段简璧墓（651）壁画
侍女。（左二）初唐李震墓（665）
壁画侍女。（左三）初唐新城公主墓
（663）壁画侍女图。（左四）初唐韦
贵妃墓（665）壁画仕女。（左五）初
唐燕妃墓（671）壁画侍女。各墓室
出土的壁画虽然绘画笔法不同、侍女
姿态各异，但所穿的高腰竖条纹间色
裙是非常相似的

同颜色的布料裁成长条拼接制成，而且所有的条纹都是垂直线条，正好衬托
出修长的体态。这种对"间色"的喜好，一直延续到了唐初，绘画、壁画中
的女子长裙大部分都是两色竖条纹。甚至不仅是衣裙，在园林设计上也推崇
"间色"，开元时进士范朝在《宁王山池》诗中记述园林景致是"瑞草分丛
种，祥花间色栽"，正是当时普遍喜好"间色"的审美观的体现。

经过了初唐一段时间的大流行以后，从高宗朝开始，图像作品中的间色
裙变得越来越少见了，取而代之的是各种色彩的一色长裙，红裙就是其中最

夺目的一种。当时平民女子的衣裙多用麻布、葛布的本色，或是深蓝、青黑、暗红等比较容易染上的颜色，而且裙型也较为紧窄，自然是本着经济、实用的原则而制作。而贵族女性们则不惜工料，喜爱穿着鲜艳的颜色，长裙的裙裾也比平民女性要宽大许多。特别是到了中唐

▲ 初唐阎立本《步辇图》。太宗旁边的宫女均上穿交领襦服，下着高束的宽竖条纹间色裙

▶ 吐鲁番出土的唐代泥头木身女俑，身上衣裙以绢帛制成，非常精细地复原了现实生活中的女性着装，其长裙也是间色裙

以后，随着袖宽的增加，裙摆也在不断增大，初唐时五幅丝帛缝制的宽体长裙，用料逐渐增加，出现了使用六幅、七幅、八幅，甚至十二幅拼接而成的裙子。这样一条裙子究竟会有多宽大呢？按制，唐代一幅布帛的宽度是一尺八寸，当时一尺大约是现在的0.29米，所以十二幅的宽度拼在一起就有3.48米，合围起来后的肥大程度还是相当惊人的。为了能够配合腰身，下摆自然就要增加褶皱，于是我们熟悉的"百褶裙"就在唐代出现了。

裙子除了变得宽大以外，长度也在初唐至晚唐间发生着变化。由《步辇图》中侍女穿着的完全露出足部的长度，逐渐增长至覆盖脚面，再到拖于地面上好几寸长。这种宽大、修长的裙子制作起来当然费时费料，白居易作《缭绫·念女工之劳也》云："广裁衫袖长制裙，金斗熨波刀剪纹。异彩奇文相隐映，转侧看花花不定。昭阳舞人恩正深，春衣一对直千金。汗沾粉污不再着，曳土踏泥无惜心。"可见当时宫廷女性对"天上取样人间织"

的奢华织物的铺张浪费也是毫不吝惜的。那位经常对女性服饰发布诏令的唐文宗对这种风气自然也不能置若罔闻，为此专门下达限令："以四方车服僭奢，下诏准仪制令……妇人裙不过五幅，曳地不过三寸，襦袖不过一尺五寸。"但是这种以政令干涉风俗的做法，实际效果如何自然可想而知："诏下，人多怨者。京兆尹杜悰条易行者为宽限，而事遂不行。唯淮南观察使李德裕令管内妇人衣袖四尺者阔一尺五寸，裙曳地四五寸者减三寸。"可见收效甚微。

就算贵妇们不需要参加劳作，穿着这么宽冗的长裙走路也会很不方便，于是为了配合裙子，女子又开始流行穿高头履，即在鞋头处翘起一块很高的履头，伸到裙子外面，让履头勾住拖地的下摆，以方便迈步走路，避免因为踩到自己的裙边而摔倒。至此，天宝年间流行的"小头鞵履窄衣裳"就全部成为过时款式，只能供诗人追忆慨叹了。

唐代女性的出行装

　　古代中国有着严格的性别意识，男女之别是礼制中非常重要的一部分，男性应当有怎样的仪行、女性应当有怎样的举止，都有着各种明文规定。其中关于男性与女性的不同生存活动空间，《易经》中讲"女正位乎内，男正位乎外"，女性的主要生活空间被规范在家内，进入社会公共空间的机会比男性要少许多。但是在唐代，特别是唐前期，女性的生活状况因为种种原因发生了一些改变。无论是长孙皇后、武则天、太平公主、安乐公主、宋若昭五姐妹之类活跃在政治生活中、影响着朝局的宫廷女性，还是《长安志》中记述的自在畅游于少陵园的山水亭台之间的官宦女眷，都呈现出一种前所未有的活跃姿态。当这些女性离开她们生活的宫殿、宅院时，自然不会是步行，那她们是如何出行代步的呢?

坐车与骑马

《晋书·舆服志》记载："古之贵者不乘牛车……其后稍见贵之。自灵、献以来，天子至士庶遂以为常乘。"秦汉时候，官宦出行时主要的代步工具是马，男子可以骑马，也可以坐在马匹所拉的车中，而女子则一般坐在马车内，而且车舆四周会有围挡，取女子不可抛头露面之意。自晋至唐以前，有身份地位的人出行时流行乘坐牛车，变化的原因一方面是因为新制度的规定，另一方面也是因为牛车要比马车更稳，坐乘者的舒适感会更好一些。

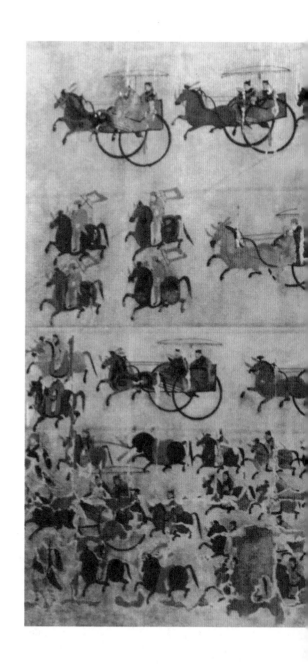

▶ 东汉墓出土的车马出行图，现藏于中国国家博物馆

▲ 东汉时的"车马出行"画像石,现藏于美国宾夕法尼亚大学博物馆。车队中既有完全开放式的车舆(左侧三驾马车),
有带围挡的车舆(右一马车)

▲ 隋代牛车出行图,墓室壁画,山东嘉祥徐敏行(543—584)墓出土,现藏于山东博物馆。徐敏行历仕梁、北齐、北周、
隋四朝,与夫人的合葬墓墓室中出土了许多精美的壁画,内容有宴饮、出游、仪仗等,形象地记录了当时的生活场景

在唐代，女性最普遍的出行方式还是乘车出游，根据乘车人的身份、地位不同，车由不同的牲畜牵引。按照乘舆制度，皇后出行时乘坐的重翟车、厌翟车、翟车、安车、四望车、金根车等都是由马来牵引的，而在仕宦生活中，女性出游最常用的仍是牛车。

宋人编的笔记小说集《绀珠集》中，有一则关于唐代女性乘车出游的记载："崔郊之姑有婢，甚美，郊尝私之，未几。婢出，再入于顿家，郊因寒食出游，于车中见之，立马徘徊相顾。"崔郊是唐宪宗元和年间（806—820）的进士，在清明节前的寒食时节骑马出游，遇到旧爱女子所乘的车驾，崔郊骑在马上，和坐在车舆内的女子相顾无言。白居易的《和春深》诗也描写了一幕唐代女子在寒食节坐车到郊外扫墓的情形："何处春深好，春深寒食家。玲珑镂鸡子，宛转彩球花。碧草追游骑，红尘拜扫车。秋千细腰女，

▲ 初唐李寿（577—630）墓墓室壁画所绘牛车。李寿字神通，是唐高祖李渊的堂弟，自大业十三年（617）李渊太原起兵时就首先响应，唐朝建立后受封"淮安王"，死后葬于陕西三原县

▲ 李震墓壁画《犊车图》，现藏于昭陵博物馆。李震是唐代开国功臣李勣之子，高宗麟德二年（665）死于梓州刺史任上，随其母一同陪葬于唐太宗昭陵

摇曳逐风斜。"虽然《晋书》称"古之贵者不乘牛车",但到了唐代,宫廷贵妇、官宦女眷们常乘的牛车早已不再是简陋寒酸的样子。如唐玄宗曾带着宫眷巡幸华清宫,杨贵妃与姐妹们竞相准备奢华的车舆、服饰以显耀身份,竟至"为一犊车,饰以金翠,间以珠玉,一车之费不啻数十万贯。既而重甚,牛不能引,因复上闻,请各乘马。于是竞购名马,以黄金为衔……"这炫奢斗富的风气已经如火如荼。

除了乘车之外,唐代女性另一种比较特别的出行方式,就是骑马。

乘车算是历代女子出行时都可以通用的交通方式,秦汉时如此,唐宋时如此,明清时仍然如此。但女子骑马,特别是在公开的场合,把骑马当作一种日常的出行方式,则是南北朝至唐代才有的特殊风气。中原男子骑马之风起于战国时赵武灵王的"胡服骑射",但学习骑射的都是男子,与女性无关。而从南北朝时期的胡汉融合开始,社会风气受到以鲜卑族为主的北方游牧民族的影响,女子骑马之风逐渐流行起来。

以出土发现的北朝时女骑俑来看,这些骑马女子是宫廷出行仪仗队伍的一部分,她们有两种不同的身份,一种是卤簿,一种是伎乐。所谓"卤簿",就是古代宫廷仪仗队列中的车驾、旌旗、仪卫等。东晋时陆翙撰《邺中记》记载了十六国时期后赵武帝石虎(字季龙),建武六年(340)修造凉马台,建成后"季龙又常以女伎一千人为卤簿,皆着紫纶巾,熟锦袴,金银镂带,五文织成靴,游台上"。另外《邺中记》中还记载了"石虎从出行,有女鼓吹,尚书官属,皆着锦袴佩玉",也就是担任伎乐的女骑。她们是宫廷女官的一种,领队者官职为女"尚书",是女官的第一等,可见这些女鼓吹的地位之高。不仅是石虎本人,其皇后出行时也有女骑仪仗:"皇后出,女骑一千为卤簿,冬月皆着紫衣巾,蜀锦袴褶。""石虎皇后女骑腰中着金环,参镂带。"这些女骑的奢华之风扑面而来。

▶ 陕西西安市长安区韦洵墓（708）出土的彩绘骑马击球女陶俑。韦洵是唐中宗韦皇后的弟弟。马球运动于唐初传入中国，由于唐太宗李世民的积极提倡，从宫廷到民间都十分流行。唐代女子打马球时的装束各式各样，有女装、男装、胡装等。这件女俑端坐在马上，发梳双髻，身穿红翻领绿色长袍，腰束带，红裤，黑色长靴，系胡服装束

　　后赵石虎是个在历史上有名的残暴无德的皇帝，如果说他使用女骑为宫廷仪仗的行为有骄奢乖张之嫌，不足以说明当时女子骑马在社会上的普遍性，那么我们还可以看看史籍中，对北朝时期盛行的女子骑马风气的其他记载。《南齐书》载北魏太武帝拓跋焘（440—451）时，太后出行有女性侍从，穿铠甲、骑马跟随在车辇左右。《魏书·杨大眼传》记载，北魏孝文帝、宣武帝时有名将杨大眼，其妻潘氏善于骑射，曾跟随杨大眼出征，并穿戎装参加攻陈游猎。潘氏常与杨大眼一同巡视战场，再并驾回营，至中军帐一同坐下，与军中幕僚谈笑自若。杨大眼曾指着潘氏对诸将说："这位乃是潘将

军！"杨潘氏这纵横军旅、精擅骑射的形象，实在是巾帼不让须眉。更有北朝民歌《木兰辞》中家喻户晓的花木兰形象："东市买骏马，西市买鞍鞯。南市买辔头，北市买长鞭。……万里赴戎机，关山度若飞。朔气传金柝，寒光照铁衣。将军百战死，壮士十年归。"这虽是一个文学故事，但木兰替父从军的情节应当脱胎于当时的社会现实，女子的日常生活虽是"木兰当户织"，但当边关战起，女儿家也自有平日里练就的骑射本领，可以替父出征，可见当时社会中女子尚武、善骑的风尚。一向形容男子的"胡服骑射"，似乎也成为当时一些女性的生活方式。

由隋入唐以后，虽然国家统一、战事渐歇，但骑马之风却仍很盛，《旧唐书·舆服志》记载男性官员们也不喜乘车，而爱骑马，"在于他事，无复乘车，贵贱所行，通鞍马而已"。至于女子骑马的风俗，自然也被承继下来并发扬光大。特别是在初唐和盛唐时，女子的日常休闲娱乐活动空前繁盛，甚至包括了一些运动量大、竞争场面也很激烈的运动项目，比如蹴鞠、马球、射箭、游猎等。仅以马球而言，这项运动起源于波斯，唐代一经传入中国就成为备受喜爱的运动。唐代的皇帝们几乎人人都爱"击鞠"，唐玄宗在中宗朝为临淄王时，曾率"大唐马球队"击败了挑战的"突厥使臣队"，为大唐争得了体面；唐僖宗更是自诩球技天下第一："朕若应击球进士举，须为状元！"女子要打马球，前提条件自然是得会骑马，张籍《寒食内宴二首》诗中就有"廊下御厨分冷食，殿前香骑逐飞球"之句，描写了宫女在寒食节进行马球比赛的场景。参加射猎活动更是需要有精湛的骑术，杜甫《哀江头》诗曰："辇前才人带弓箭，白马嚼啮黄金勒。翻身向天仰射云，一箭正坠双飞翼。"描写了宫眷跟随皇帝在禁苑中狩猎，英姿勃发、骑射惊人的形象。还有李白的《幽州胡马客歌》："妇女马上笑，颜如赪玉盘。翻飞射

▲ 唐彩绘骑马女陶俑，陕西西安鲜于庭诲墓（723）出土。鲜于庭诲是唐玄宗朝的武将，曾参与平定"韦后之乱"，官至右领军卫大将军。其墓中出土的两骑马女子均身穿小袖衣，下着长裙，足穿开元年间流行的尖头鞋

鸟兽，花月醉雕鞍。"寥寥数笔，勾画出一幅女子骑射的动人场景。

除了诗歌典籍，考古发现的大量唐代女骑马俑也是当时女性骑马风尚的图像证据。根据已发掘的墓葬，唐高祖李渊堂弟李寿墓是出土有女骑马俑的年代最早的唐墓。李寿死于唐太宗贞观四年（630），也就是说，唐墓中以女骑马俑陪葬最迟开始于贞观初年。此后，高宗李治、武周年间的墓葬都有发现随葬的女骑马俑，这些墓的墓主人既有女性公主，也有男性显贵。初唐的这种风俗一直延续到开元天宝年间，唐玄宗开元十二年（724）下葬的金乡县主墓是出土有女骑马俑的年代最晚的唐代墓葬之一，在之后已发掘的唐代墓葬中，如中唐时德宗爱女唐安公主的墓葬（784）等，就再没有发现过女骑马俑或女性骑马的相关图像了。

从南北朝至盛唐，由于女性骑马之风的盛行，也带来了女性出行着装的变化。因为一般而言，人们穿什么样的衣服，除了反映了穿衣者的喜好，也是由穿衣者的生活方式、日常活动决定的。比如在今天的都市里，同样是在冬日，室内有暖气、出门就坐车的女性往往会穿略为轻薄的外套，甚至也可以穿裙子、单鞋；而生活在低温的室内，或需要长时间户外活动的女性，自然会穿一些厚实御寒的衣物。同理而言，古代一位乘坐有封闭车厢的牛车、马车出行的女子，衣着因为不会在外人面前显露出来，穿什么出行就是一件比较私密的事情；而骑马出行的女子，身姿、服饰都展露在路人眼中，她的衣着就要考虑在观者眼中是否得宜，以及所穿衣着在骑马时是否足够便利。于是乎，为了配合马上骑游，骑马妇人的服饰自然也不会停留在上襦下裙的形制上，因为穿裙骑马终究不太方便，女子的骑马装定会随着风尚做出适应性的改变。

冪篱、帷帽与胡帽

依照传统女性的性别限制和活动空间，愈是身份尊贵的女性，愈是被限制在家宅的范围之内。如果要去日常生活空间以外，则如《礼记·内则》所说，"女子出门必拥蔽其面"，最好是坐进车舆之中，以轿厢四壁为遮挡，使外人见不到身姿容貌。但当女子骑马时，鞍马之上是没有障蔽的，骑马者的身体自然会被展露无遗。那么在这种时候，女子该如何不失礼数呢？

《旧唐书·舆服志》记载："武德、贞观之时，宫人骑马者，依齐、隋旧制，多着冪篱（羅）。虽发自戎夷，而全身障蔽，不欲途路窥之。王公之家，亦同此制。"这种起到遮蔽姿容功能的"冪篱"，在史籍中也写作"冪羅""冪閡""冪离""冪羅"或"冪罗"，本是西北少数民族地区使用的遮挡风沙的东西，男女均可使用。冪篱多用藤条或毛毡做成帽子骨架，裱糊缯帛，有的为了防雨还会涂上桐油，然后将黑色纱罗缀在帽檐四周，使用的时候垂下来就可以障蔽面部和身体。就像现在还有人在沙尘天气里，用大幅纱巾将自己的头脸裹起来一样，目的并非为了美观，而是很实用的防风沙方法。《晋书·四夷传》《魏书·氐族传》《周书·吐谷浑传》《隋书·西域列传》等史籍中都有西域地区使用冪篱的记载，《旧唐书·吐谷浑传》也记载当时吐谷浑人"男子通服长裙缯帽，或戴冪篱"。

冪篱传入中原的时间并不是在唐代，而是更早的时候。前引《旧唐书·舆服志》称使用冪篱的传统是"依齐、隋旧制"，而《大唐新语》中也有类似的一段话，只不过说戴冪篱是"依周礼旧仪"。总而言之，大约在南北朝时，进入中原的北方少数民族将冪篱这种东西从西北地区带到了中原。但它传入中原以后，很快被既要骑马，又需要找点什么东西遮挡身姿的女性

▶《番骑图卷》，现藏北京故宫博物院。旧传为五代后唐画家胡瓌所作，但图中女子所戴蒙古妇女的「顾姑冠」，应是元代服饰。画中女子牵着骆驼迎风出行，反映了草原的游牧狩猎生活情景。与帽相连的包裹巾形制是幂篱的延续，两位女子的头面、身体均被包裹起来，可见生活在北方草原、荒漠地区的人因为日照强烈、风沙较大，对身体和面部的包裹乃是生活中必备的装束，虽然具体造型历代会有差别，但功用是一样的

借用，成为女子出游时，用来遮蔽姿容、避免被路人窥视的独特服饰。

《北史》记载："（秦王）俊有巧思，每亲运斤斧，工巧之器，饰以珠玉。为妃作七宝幂篱，重不可戴，以马负之而行。"秦孝王杨俊是隋文帝杨坚的第三子，隋炀帝杨广的同母弟弟，成年后因奢靡逾制，被杨坚免去官职赶回王府。《北史》中记载杨俊亲制的"七宝幂篱"，就是将大量的珠玉珍宝缀在幂篱上作为装饰，以致幂篱的

▶初唐燕妃墓（671）壁画。燕妃是唐太宗的德妃，也是武则天的表姐，在高宗朝受到了高宗和武后的礼遇，病逝后被厚葬。侍女头梳回鹘髻，身穿典型的初唐样式的竖条纹长裙，双手捧着幂篱。因为墓室壁画中描绘的侍女们，都是在做一些她们日常服侍墓主人惯做的事情，拿着墓主人生前常用的物品，所以这顶幂篱也应该是墓主人燕妃在生活中使用的东西

重量大增，根本无法佩戴，只能用马驮着出行。这种只为了炫宝而本末倒置的做法，倒是证明了史书中对其尚奢的评价。不过这件事情也从另一个角度说明，当时幂篱已是贵族女性的常用之物，所以值得对它大加装饰，以衬托高贵的身份地位。到了唐代，本是男女通用的幂篱已经变成了女性专用，男子不再佩戴幂篱，而且幂篱与遮挡风沙的最初用途也没有什么关系了。

然而幂篱流行了一段时间以后，逐渐被唐代的贵妇们抛弃不用，障蔽容

唐代绢画《树下人物图》，现藏于日本东京国立博物馆。画中树下站着一位穿着男装长袍、头戴幂篱的春游女子，正要摘下幂篱稍事休息，身旁有一位同样穿着男装的侍女搀扶着她。这幅绢画中的幂篱与燕妃墓壁画中侍女手捧的幂篱的帽形有所不同。因为幂篱的本意就是指附着在帽檐上垂下的皂纱，可以应用在不同形状的帽子上，起到遮蔽作用，所以各种缀有起障蔽作用的皂纱的帽子都可以称之为幂篱

颜的功用被一种叫作"帷帽"的新物品代替了。唐宪宗时刘肃（约820）所撰《大唐新语》记载："武德（即高祖）、贞观（即太宗）之代，宫人骑马者依周礼旧仪，多着羃罗，全身障蔽。永徽之后，皆用帷帽，施裙到颈，渐为浅露。显庆中诏曰：'百官家口，咸厕士流，至于衢路之间，岂可全无障蔽？比来多作帷帽，遂弃羃罗，曾不乘车，只坐檐子，过于轻率，深失礼容。自今已后，勿使如此'。神龙之末，羃罗始绝。"这条记载中包含了好几层意思，信息量比较大。

首先是说唐高祖、太宗时（618—649），大部分宫廷女性骑马时都会穿羃篱，这是定制。第二是说从唐高宗永徽年间（650—655）开始，骑马女性改用帷帽，帽檐所缀的皂纱较羃篱要短，不再是障蔽全身，而只垂到颈部遮蔽面容，身姿是显露在外的。第三是说高宗皇帝李治对这种变化很有意见，认为戴帷帽出行的官宦女子举止轻浮、有失身份，并在显庆年间（656—661）特别颁布诏令，想要禁绝帷帽。第四是说高宗的诏令颁布后，根本无人遵从，喜爱郊游、马球、骑猎等户外运动的唐代上层女性们，用实际行动表达了她们对不便于活动、不利于展现女性美的羃篱的摒弃，于是在武周神龙年间（705—707）以后，羃篱就渐渐绝迹了。

下页的两件骑马女俑所戴的巾帽都被定名为羃篱，但形制与史籍中记载的不同，并没有障蔽全身，皂纱仅包裹了头发和颈部，面部和身体都显露在外，很可能是从唐初羃篱，到高宗朝流行起来的帷帽之间的过渡样式。

取羃篱而代之的帷帽又称席帽，是一种高顶的笠帽，在帽檐四周缀一圈网状面纱，被称为"垂裙"，长度至颈部。这原本也是西域地区流行的帽式，同在南北朝时期传入了中原。《隋书·礼仪志》记载在南朝宋、齐之际（420—502），私宴的时候皇帝会戴一种白色高帽，官员戴浅黑色的，但样

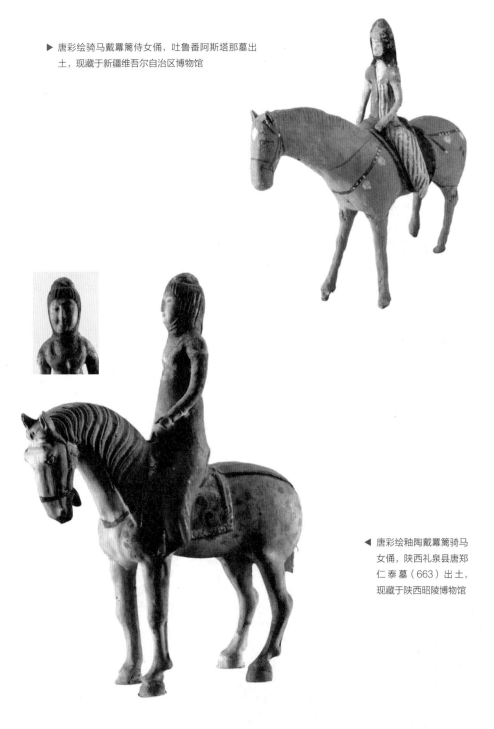

▶ 唐彩绘骑马戴羃篱侍女俑，吐鲁番阿斯塔那墓出土，现藏于新疆维吾尔自治区博物馆

◀ 唐彩绘釉陶戴羃篱骑马女俑，陕西礼泉县唐郑仁泰墓（663）出土，现藏于陕西昭陵博物馆

式并不固定，有的有卷边，有的有"下裙"；北周（557—581）则流行戴一种"突骑帽"，很像唐代所说的胡帽，有"垂裙缚带"。这则史籍记录的内容，虽然没有见到佐证的图像资料，但其中所记的"下裙""垂裙"，正是帷帽的形制，可知这种有垂纱的帽子原本也是男子佩戴的，后来到唐代流行起来，并被女子借用为幂篱的替代品。

唐人王叡《灸毂子》中明确说："席帽本羌服，以羊毛为之，秦汉鞊以故席。女人亦戴之，四缘垂网子，饰以珠翠，谓之席帽。炀帝幸江都，御紫云楼观市，欲见女人姿容，诏令去网子。"

◄▲ 吐鲁番出土的唐代
戴帷帽骑马女俑形象

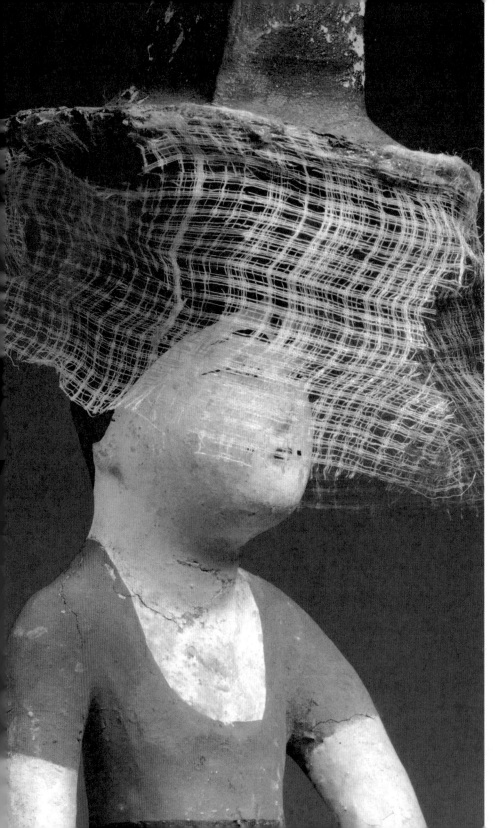

到了唐代开元、天宝年间，流行的女子出行帽式又发生了变化，"胡帽"成为继帷帽之后，又一种女性骑马时喜爱佩戴的帽子。五代马缟《中华古今注》记述："开元初，宫人马上着胡帽，靓妆露面，士庶咸效之。至天宝年中，士人之妻，着丈夫靴衫鞭帽，内外一体也。"

因为胡是唐代对西北地区安、曹、史、米、康等国少数民族的统称，所以"胡帽"也并非只有一种固定的样子，而是一种泛称，泛指欧亚大陆上北方少数民族喜爱佩戴的各式帽子。就胡帽所包含的具体帽式而言，大致有浑脱帽、卷檐帽、尖顶帽三个类型。这些带有浓郁西域民族特色的帽子，在胡商的带动下，与胡乐、胡舞、胡妆一同传入中原。这些胡帽的中原"爱好者"一开始是男性，史载唐初赵国公长孙无忌（594—659）就喜爱戴浑脱帽，"以乌羊毛为浑脱毡帽，人多效之，谓之'赵公浑脱'"。

▲ 韦浩墓（708）壁画中戴胡帽的侍女，所戴即是"浑脱帽"，口沿处饰以毛边，帽上还有菱形花纹装饰，展现出女性带着英气的美

◀ 唐彩绘釉陶女骑马俑，陕西礼泉县唐郑仁泰墓（663）出土，现藏于陕西昭陵博物馆。马上女子所戴的胡帽亦是"浑脱帽"

▶ 左：头戴尖顶帽的唐代彩绘胡人俑，身穿圆领窄袖袍，束腰带，下穿裤、靴。右：唐彩绘女陶俑，头戴尖顶风帽，帽后垂裙至肩

　　至于女性所戴胡帽，最初是作为西域舞蹈服装的一部分，由来自西域的舞女穿戴着，展示在中原人的面前。刘言史《王中丞宅夜观舞胡腾》有诗云，"织成蕃帽虚顶尖，细氎胡衫双袖小"；李端《胡腾儿》诗云，"扬眉动目踏花毡，红汗交流珠帽偏"；张祜《观杨瑷柘枝》诗云，"促叠蛮鼍引柘枝，卷檐虚帽带交垂"；白居易《柘枝妓》诗云，"带垂钿胯花腰重，帽转金铃雪面回"。胡腾舞和柘枝舞是唐代特别流行的两种西域舞蹈，从这些诗人们描写舞者身姿的诗句中可以看到，舞者所戴的胡帽有尖顶帽和卷檐帽，为了配合舞蹈效果还装饰有珠翠、金铃等物，舞动起来既有动感又有声响，满满的异域风情，煞是好看。这些胡帽因其俊俏别致、轻巧利落而被士庶女性熟悉和喜爱之后，越来越多的中原女性也开始佩戴，逐渐发展为一种流行风尚。

▲ 榆林窟第 25 窟中唐壁画所绘五百岁行嫁图。画面中新郎为汉装，新娘为吐蕃装束，头戴尖顶帽，宾客也是汉装和吐蕃装束皆有，可见当时各民族的相互融通

不过女子佩戴胡帽的潮流也没有持续太长时间，至天宝末年安史之乱发生、胡汉矛盾激化之后，社会风气又遽然一变，胡帽这类与胡俗有关的服饰，一下子从"时尚"变成了"服妖"，在唐代社会中被摒弃不用了。

再以《新唐书·车服志》中的记载为例，来回顾一下初唐以来女子出行帽饰的变化过程："初妇人施幂篱以蔽身，永徽中始用帷帽，施裙及颈……武后时帷帽益盛，中宗后乃无复幂篱矣。宫人从驾，皆胡帽乘马，海内效之。至露髻驰骋，而帷帽亦废……"唐代诗人李华在天宝年间（742—756）作《与外孙崔氏二孩书》，其中也讲述在开元、天宝年间，市集上帽子店里所卖的帽子款式帷帽少、貂帽多，正可以佐证宫廷女子风尚改变的同时，民间女子出行时的遮蔽也日益减少，如貂帽之类的胡帽一度在长安非常流行。但安史之乱开始后，幂篱、帷帽、貂帽之类的胡族帽样都不见了踪迹，如果再有人戴帷帽、幂篱走在街上，甚至会引得路人向其投掷瓦片、石块。

唐代女性的男装

女扮男装的风气之始

魏晋南北朝时期一贯被看作是一个自我意识觉醒的时代，当时社会的战乱和动荡、各民族的杂处和交融，都使得传统的礼法、名教受到冲击，社会文化多样化、复杂化的表现之一，就是出现了很多妆容、服饰上的性别转换现象。

《礼记·内则》规定"男女不通衣裳"，然而自汉末开始，就有男子喜好扮作妇人状的记载。《后汉书》载东汉名臣李固（94—147）"大行在殡，路人掩涕，固独胡粉饰貌，搔头弄姿"；《世说新语》言何晏（？—249）"美姿仪，面至白，魏明帝疑其傅粉"。由这些记载可见，汉末魏晋的风流名士们确实很爱擦粉，他们以女性化的装扮、姿态表达一种特立独行的人生态度。另外，《隋书》记载北周宣帝宇文赟（559—580）"好令城市少年有容貌者，妇人服而歌舞相随，引入后庭，与宫人观看"，等等，足见这个时期男子穿女装虽不为社会主流价值观所容，被称为"服妖"，却也可以称得上蔚然成风了。

与之相对的另一个方面，就是女扮男装的事例。除了前文已经提到过的花木兰女扮男装代父从军的故事，这个时代还产生了祝英台女扮男装离家求学的故事，也广为人知、流传至今。梁祝故事最早起源于东晋，据说被收入南朝梁元帝萧绎所著的《金楼子》一书中，可惜已经散佚。后来故事经过历代的整理和增订，其真假虽然不能考证，但祝英台女扮男装外出求学的情节是整个故事发生的基础，以文学反映现实的视角来看，可以旁证魏晋南北朝时女扮男装的风气之始。

　　《南史》中还有一则记载，讲魏明帝时（226—239），浙江金华有一位女子名唤娄逞，长期穿着男装，假扮为男子生活。因为她懂围棋、通文辞，四处游历结交公卿，居然被举荐出仕，官至扬州议曹从事。当她的女儿身终于被人发现，明帝下诏夺去其官职，命其归家。恢复为女装的娄逞在离去前还感叹道："我有如此技艺，却只能回家做个老妇人，实在是可惜啊！"这位名为娄逞的女子与花木兰一样女扮男装，不过花木兰是为了替老父从军而被迫为之，娄逞却是主动效仿男子，以学识才艺去游历结交，还为自己谋得了官职。虽然最终假扮男装的身份被识破，只能免职放归，但她敢于做超越性别限制的尝试，还有自认为才学过人的自信，凭着这份学识和胆略，就可以做以上官婉儿、宋若莘姐妹、鱼玄机为代表的唐代才女们的先师了。

胡化的唐代男装

从流传下来的唐代绘画作品、墓室壁画和陶俑中，可以看到许多女子穿着男装的情况。较为多见的是圆领窄袖长袍，另外也有一些翻领窄袖长袍；至于头饰，则分为戴帽、戴幞头和直接露出发髻几种情况。

唐永泰公主李仙蕙墓（701）壁画侍女图，其中有两位男装侍女。画面左三的一位露髻、穿圆领袍，左一的一位穿翻领袍，头戴软脚幞头，与画面中其他襦裙披帛的女装侍女混站在一起

▲ 唐太宗韦贵妃墓（665）壁画男装侍女图。图中侍女穿圆领袍服，头戴软脚幞头，脚穿皂靴，正在躬身施礼。虽然从头至脚都是男装打扮，但眉眼和红唇的女性特征仍是很明显的

由相应的图像资料来看，唐代女性所穿的"男装"，绝不是商周、秦汉以降大襟、交领、右衽、褒衣博带的中原传统样式，而是隋唐时盛行的圆领窄袖袍。自南北朝至唐代，男子服装受到外来文化的影响，把头戴幞头、身穿圆领袍衫、脚蹬高筒靴作为最流行的装束。

唐代男子上自天子，下至百姓，最常穿的服装就是袍和衫。袍、衫都是圆领，袍长至脚背，袖子一般较为窄小，穿时裹住双臂。衫袖则较宽大，长度也没有定例，士人所穿多长过膝，庶民所穿为了劳作方便，长度通常

▲ 章怀太子李贤墓（706）壁画所绘迎宾图，描绘了身穿"法服"的唐代官员在友好地接待少数民族来访宾客的场景

▲ 唐代画家阎立本所绘《步辇图》（局部），现藏于故宫博物院。图中所绘三位觐见太宗的人，由右至左依次是唐朝官员、吐蕃使臣、宫廷内侍，他们民族不同、身份不同，但外臣、胡使和内侍所穿的衣式相同，都是胡式的圆领窄袖长袍

在膝盖以上，并在前后左右各开一衩，劳作时可以将身前的一片撩起掖在腰际，称之为"缺胯衫"。无论穿袍还是衫，下身都会穿裤，裤长一般至脚踝，穿靴子时就将裤脚束到靴筒里面。男子的这样一身装扮，就是礼见、燕居时均可穿着的"常服"。原本宽衣大袖的右衽襜褕（深衣的一种）仅作为"法服"，在重大典礼活动时穿着。平时上自帝王群臣，下至百姓奴仆，都穿常服，大家所穿的小袖圆领袍款式相同，只以不同的服色来区分品级身份。

▲ 李寿墓（630）壁画，犁地图。唐代的农民正在使用曲辕犁驾牛耕地，身穿圆领窄袖短衫，下着小口裤，衣着简洁干练便于劳作

▲《步辇图》（局部），画中坐在步辇上的是唐太宗李世民，正在接见吐蕃王松赞干布派到长安请求迎娶文成公主入藏的使者，但仅做"常服"装束，头戴软脚幞头、身穿圆领袍服。这两幅图可证唐代上自天子、下至百姓，皆穿圆领袍衫

▲ 懿德太子李重润墓（706）壁画所绘穿圆领袍的内侍

▲ 章怀太子李贤墓（706）壁画所绘穿圆领袍的仪卫

唐代的胡服热潮对中原王朝服制的影响可谓重大而深远。北宋朱熹（1130—1200）在《朱子语类》中感慨："今世之服，大抵皆胡服，如上领衫、靴鞋之类。先王冠服，扫地尽矣。中国衣冠之乱，自晋五胡，后来遂相承袭。唐接隋，隋接周，周接元魏，大抵皆胡服。"沈括（1031—1095）在《梦溪笔谈》中对此也有论述："中国衣冠，自北齐以来，乃全非古制。窄袖绯绿短衣，长靿靴，有蹀躞带。然亦有取窄袖利于驰射，短衣长靿，皆便于涉草。"所以唐代女性所穿的男装，就不是华夏传统的礼服、法服，而是当时男子的常服，也就是受到胡化影响的圆领袍衫。胡服在样式剪裁上本就没有明显的男女区别，这样看来，虽然一般只在唐代女子穿着更有西域风情的翻领袍服时才称之为穿"胡服"，但实际上在她们穿着男装的袍衫和小口裤时，也同样是自魏晋以降，一个长期的穿胡服热潮中的一部分。

"遥窥正殿帘开处，袍袴宫人扫御床"

　　现今发掘出土的唐代壁画、俑人中，有
很多穿男装的女性形象，她们的身份主要是
宫廷侍女。她们穿着典型的男装胡服：身
着翻领或圆领窄袖袍衫，腰间束带，下穿小
口裤子，足穿尖头花鞋或半靿软靴，有的还
佩戴高顶尖帽或幞头。

▶ 左：洛阳龙门安菩墓（709）出土的初唐绿釉圆
领袍服男侍俑。右：洛阳孟津唐墓出土的盛唐绿
釉圆领袍服侍女俑。不同墓葬中出土的两个俑人，
性别不同，但身上穿着几乎完全相同。男俑头戴
幞帽，女俑不戴帽，露出女式高髻，也算是保留
了一些女性特征

▲ 唐代壁画所绘穿圆领袍衫的侍女，由左至右依次出自新城公主墓（663）、韦贵妃墓（665）、阿史那忠墓（675）、章怀太子墓（706）及敦煌莫高窟第 17 窟晚唐壁画

▲ 唐代翻领袍衫的壁画及石刻侍女图，从左至右依次出自房龄公主墓（673）、永泰公主墓（701）、章怀太子李贤墓（706）、韦浩墓（708）和薛儆墓（721）

晚唐诗人薛逢（816—？）有一首《宫词》诗曰："十二楼中尽晓妆，望仙楼上望君王。锁衔金兽连环冷，水滴铜龙昼漏长。云髻罢梳还对镜，罗衣欲换更添香。遥窥正殿帘开处，袍袴宫人扫御床。"

诗的主题还是宫怨，宫中无宠的嫔妃期盼得到君王的临幸却不可得，远远看见穿着"袍袴"的宫女在为皇帝扫床，也是心生羡慕的，因为这宫女至少有机会可以靠近皇帝的床榻。所谓"袴"，就是我们今天所说的裤，上袍下袴是唐代男装的标准装束，所以诗中这位扫床的宫女穿的，也是男装。在墓葬壁画中，这些穿袍袴的女侍们，或手持盒、盘、乐器等物件为墓主人提供相应的服务，或与其他穿襦裙女装的宫女站在一起等待召唤。当穿女装与穿男装的女侍混站在一起时，着男装的宫女往往站在队列的中后部，可能身份等级比较低微，是宫女中那些负责动手干活的人，所以穿男装袍袴可能也有衣着干练，便于行动的原因。关于袍袴的记载还可见于张鷟（660—740）的《朝野佥载》："周岭南首领陈元光（657—771）设客，令一袍袴行酒。光怒，令拽出，遂杀之。"此处直接以袍袴代称穿男装的侍女。《太平广记》中也有记载："天宝中，陇西李陶寓居新郑，常寝其室，睡中有人摇之，陶警起，见一婢袍袴，容色甚美。"这位美人也是位穿男装的侍女。

战国以前中原汉人所穿的裤只有两条裤筒，分别套在左右两腿上，中间并不相连，称之为"胫衣"，类似于今天所说的"开裆裤"，而少数民族穿的裤则是裤筒相连的满裆裤，便于骑马。满裆裤大概是在战国赵武灵王推行胡服骑射时传入中原，不过那时还没有"袴褶"的名称。至南北朝，中原宽大飘逸的汉族服饰审美受到北方鲜卑等少数民族服饰窄细的实用性倾向影响，也逐渐收窄，开始出现窄袖、细裤筒的袴褶样式。在北魏迁都洛阳以后，还出现了"急装"和"缓服"之别，在劳作、骑行时为了保持便捷，就在阔腿

▲ 甘肃地区魏晋墓砖画，可以看见采桑女子裙下穿着阔腿裤

▲ 北魏画漆屏风（局部），山西大同司马金龙墓出土，现藏于山西省大同市博物馆。司马金龙是东晋皇族后裔，漆画所绘内容取材自西汉刘向《列女传》，抬辇的侍卫所穿即缚裤"急装"

裤的膝盖处用带子系上一道，称为缚裤或急装，不缚时则称为缓服。至南北朝时候，袴装大为流行，不仅男性从贵族到庶民都可穿用，女性也有穿着。

唐代壁画中的侍女们所穿的裤装制作精良，露出来的均为束口，长至脚面，素色或有竖条纹，有的裤脚上还有翻边装饰。至于她们的女主人是否也穿着这样的裤子，则因为贵族女性的裙裾特别宽大，而无法看到具体的图像资料。

宫女着男装圆领袍衫的习惯并没有随着唐朝的灭亡而终止。在宋代，由于社会风气的禁锢，士族女性穿男装的例子很难找到，但宫廷女侍还是有着男装的图像资料的。北宋时《宋仁宗曹皇后坐像》中，两名穿圆领长袍的宫女所穿仍是男装，但她们在袍下还穿有衬裙，并不能看见袍下是否穿裤。

▲ 南薰殿旧藏宋仁宗曹皇后坐像，现藏于台北故宫博物院

"士女皆竞衣胡服"

　　除了宫女、舞女以外，唐代上层社会的女性穿男装者也不在少数。虽然从图像资料来看，穿男装的都是跟随在后妃、公主和贵妇们身后的侍女们，例如《虢国夫人游春图》中，虢国夫人姐妹都是女装骑马，前后随行的女侍才着男装，但从史册中，却可以看到很多贵族女性本人着男装的记载。

　　《新唐书》记："高宗尝内宴（宴），太平公主紫衫玉带，皂罗折上巾，具纷砺七事，歌舞于帝前。帝与武后笑曰：'女子不可为武官，何为此装束？'"太平公主所穿紫衫玉带，就是胡化的男装。紫色是地位尊贵的象征，"皂罗折上巾"是黑色的裹头幞帽，而所谓"纷砺七事"，本是胡人腰间的饰物"蹀躞七事"。胡人腰间所系的革带上有孔或圆环，名为"蹀躞带"，上面惯例悬挂算袋（放笔砚等的袋子）、刀子、砺石（磨刀石）、契苾真（雕凿所用楔子）、哕厥（解绳结的锥子）、针筒和火石袋共七种物件，合称为"蹀躞七事"。中原女性在穿胡服时，一般对腰带做了简化处理，有时只系皮带没有饰物，有时则在蹀躞带上垂下几个装饰性的皮条但不挂物件。太平公主在高宗和武后的宴上献舞，认真地穿了全套胡化男装，跳的应当也是胡舞。对此，高宗和武后的反应是觉得新奇和不解，女孩子家又不能做武官，为什么穿成这样？从太宗朝的嫔妃、公主墓室壁画中，就可以见到很多女扮男装的女侍形象，到了高宗朝，帝后不可能没有见过宫中穿着男装的女侍们，但显然身份如太平公主这般尊贵的女性，穿着男装登堂露面还是件稀罕的事情，所以高宗和武后才会有一时的惊诧。

　　在太平公主这一曲胡舞之后几十年，经历了武周时期女性政治活动、社会地位的空前高涨，到了中宗、玄宗年间，社会上层女性们穿男装、胡服抛头露面就变成了稀松平常的事情。《新唐书·车服志》载，"中宗时，后宫戴胡帽，穿丈夫衣靴"；《旧唐书·舆服志》载，"开元来……太常乐尚胡曲，

贵人馔御，尽供胡食，士女皆竞衣胡服"；《唐六典·内官尚服》注，"皇后太子妃青袜，加金饰，开元时着丈夫衣靴"；《大唐新语》记，"天宝中，士流之妻，或衣丈夫服，靴衫鞭帽，内外一贯"。

以史籍记载来看，唐玄宗开元、天宝年间，是唐代贵族女性们胡服男装的一个顶峰时期。《新唐书·李石传》中记录了一则轶闻，唐文宗（826—840年间在位）曾言："吾闻禁中有金乌锦袍二，昔玄宗幸温泉，与杨贵妃衣之。"这两件金乌锦袍从款式上讲应是男装，而且是唐玄宗与杨贵妃的"情侣装"，专门为二人游幸温泉而准备，倒是很有伉俪情趣。连皇帝身边最受宠爱的女子都男装出行了，男装女性的尊贵程度至此已经无以复加。

在安史之乱以后，胡风大为收敛，社会上层女性穿男装的记载就很少见了，但也不是完全没有。《旧唐书》就记载到晚唐武宗朝时（840—846），宠冠后宫的王才人穿男装与武宗一同骑马射猎，二人装束相同、身姿近似，奏事者好几次把王才人错认成了皇帝，武宗不但不加责罚，还深以此为乐。

"粉胸半掩疑晴雪"：唐代女性的袒装

讲唐代女性的服装，似乎总会提起一个"衣着暴露"的风格标签。关于这种看法的缘起，大概可以追溯到唐诗中的诸多诗句记载。

《全唐诗》一共收录了 2529 位唐代诗人的 42863 首诗作，诗人写作的目的是叙事或抒情，而我们现在重读这些唐诗，除了获得诗人想要传达的信息之外，还可以从诗句的描述里，遥望唐代的社会和生活。很多唐代的生活习俗、日常用品、着装服饰，后人最初都是通过唐诗的描述而知晓，然后再与图像资料、考古发现相印证，获得相对全面的了解。

关于唐代女性衣着暴露，经常"袒胸装"的印象，最早也来源于唐诗中的诗句。施肩吾《观美人》，"漆点双眸鬓绕蝉，长留白雪占胸前"；李群玉《同郑相并歌姬小饮因以赠献》，"胸前瑞雪灯斜照，眼底桃花酒半醺"；方干《赠美人》，"粉胸半掩疑晴雪，醉眼斜回小样刀"；韩偓《余作探使以缭绫手帛子寄贺因而有诗》，"帝台春尽还东去，却系裙腰伴雪胸"；韩偓《席上有赠》，"鬓垂香径云遮藕，粉着兰胸雪压梅"；李洞《赠庞炼师》，"两脸酒醺红杏妒，半胸酥嫩白云饶"。

仔细读来，从这些诗句中可以发现，唐代的审美明显是以白为美。诗句对胸型没有描述，几位女子的胸部都被以"雪""白雪"作类比，"白"就是最大的特点。原因是唐人以肥为美，又喜肤白，将女性体态肥白看作是一种美的表现。唐代孙思邈（约581—682）所撰《千金方》的"妇人方"部分，就记载了好些能够"令人肥白"的药材和药方。《千金方》称"紫石英"是一种"味甘、辛温、无毒"的药材，可以"逆邪气，补不足"，对女子宫寒、胃寒都很有疗效，但孙思邈在"妇人方"中又特别注明："凡妇人欲求美色，肥白罕比，年至七十与少不殊者，勿服紫石英，令人色黑，当服钟乳泽兰丸也。"可见当时女性崇尚肥白的审美需求已经是一种社会共识，连医者也对此相当在意。

当然仅从几首唐诗的描述，也不能就断定唐代女性的着装风格都是豪放祖露的。因为诗作中描写的女子身份其实是与诗人宴饮、欢好的女伎，于她们而言，向男子展露身体的尺度一定是与官宦女子不同的，与良家平民女子也会不同。她们在男子面前"粉胸半掩"，是刻意展示女性身体性感的一面，而诗人的词句描摹，也往往带有一些赏玩、香艳的意味。

那么除了女伎之外，唐代普通女子穿着"性感祖装"的情况究竟是怎么样的呢？

从以祖露为刑到以祖露为美

首先要说，唐代女性的着装风格确实曾有流行性的祖露风气，这一点从传世画作、壁画、陶俑等形象上都可以看到。例如《虢国夫人游春图》中骑马出行的贵妇与女侍们，对身体都没有做特别的遮挡，虽然没有到祖胸的程度，但是穿女装者的脖颈都是裸露在外的。

《虢国夫人游春图》（局部）

　　这种风气绝不是中原汉服的传统。在中原王朝的传统礼制观念里，人的身体不应该裸露在衣服之外，《礼记》记载穿衣应该"短毋见肤，长毋被土"才是恰当的，女性更应当"出门必拥蔽其面"，连脸都要遮挡起来，身体的袒露就更不符合礼制规定了。从西周以来直至汉魏，令人露出身体都是一种入刑的惩罚手段。例如《晏子春秋》记载，卫灵公（前540—前493）为了禁绝当时盛行的女扮男装风气，下令国中"女子而男子饰者，裂其衣，断其带"；《晋书》记载魏明帝时候（226—239），准许缴纳罚金免除会让女子裸露形体的鞭笞刑罚；《通志》记南朝梁侯景之乱中（548—552）："京邑被执缚者，男女裸露，袒衣不免，尽驱迫居民以求赎金。"这种被迫的袒露，与唐代女性自愿的、具有美感的袒装，有着根本性的不同。

　　那么，唐代的袒装潮流从何而来呢？风俗的转变可能是几方面因素共同作用的结果，而其中很重要的一种，就是西北少数民族的着装风格。前文已经提到过，唐代一些服制内容是承袭自北朝的，而北朝的很多礼俗则与鲜卑等少数民族的风俗有关。《北史》有记载北魏孝文帝在太和十六年（492）正月"诏罢袒裸"，这恰恰说明当时北魏社会上是有"袒裸"的风气的，接受了汉化礼俗观念的孝文帝认为这种袒裸是有伤风化的，所以下令禁止。但是一种长时间流传的风俗并不是一纸诏令就可以禁绝的，孝文帝汉化改革之后，鲜卑贵族们并没有完全接受汉俗，北魏末年时孝武帝（510—534）仍"或时袒露，与近臣戏狎"。至北齐时，《北史》记载开国文宣皇帝高洋在天保四年（553）十月"步踰山岭，为士卒先，指麾奋击，大破契丹，是行也，帝露头袒身，昼夜不息，行千余里"，至统治后期日益荒淫残暴时，又常"袒露形体，涂傅粉黛，散发胡服，杂衣锦彩，拔刀张弓，游行市肆……或盛夏炎赫，日中暴身，隆冬酷寒，去衣驰走，从者不堪"。这种种袒露形体的行径恣意妄为、胡气逼人，正是北朝胡风的生动体现。

入唐以后，唐王朝打败了东突厥、征服了高昌，再加上宽松的民族政策，大量胡人来到唐朝，聚集在以长安为首的都市中，同时也使包括袒裸在内的胡俗更加流行起来，冲击着中原地区传统的服饰礼俗。

另外，佛教的东传和佛教信仰的普及，对袒露的衣俗的流行也有推进作用。从印度传入中原的佛造像和壁画艺术带着鲜明的印度"笈多式艺术"元素，许多佛教人物呈现出上体裸露、阔肩细腰、曲线玲珑的姿态，这种与中原审美体系有天壤之别的新形象，无疑也会对唐代的审美意识、服饰元素产生一些影响。

总之，在胡化风俗和佛教文化的双重影响之下，初唐至盛唐的贵族和平民女子的服装样式都在继承隋制的基础上，又向着"露"和"透"两个方向有了更多的发展变化。

▲ 北齐出行图，天保二年（551）崔芬墓出土。绘制的是墓主人夫妇出行的场面，画面中较为高大的两名女子应是墓主人妻妾，在侍女的簇拥搀扶下款款而行，所穿襦衫领口开得很大，颈部与肩部的皮肤都裸露在外，即便以今天女性的日常服装标准来看，袒露尺度也不算小

▲ 榆林窟第 15 窟盛唐壁画"飞天"。天神呈现出婀娜的"S"形姿态，袒露上身的衣着也明显不是中原礼俗

"慢束罗裙半露胸"

唐代女服"露"得最明显的，还是体现在领式上。由沿袭隋代齐颈窝的小圆领发展到初唐的交领、盛唐的敞领，这一片日渐坦荡的"胸前雪"，反映出了整体社会风气从传统到开放的变化。而且在这个变化过程中，贵族女性和平民女性的服装变化表现出了相当一致的潮流品位。

祖胸女装的大量出现，是从高宗永徽（650—655）、显庆（656—661）年间开始的，但早在太宗时就已显出端倪。如《步辇图》中抬腰舆的宫女身穿敞领窄袖短衫，开领的尺度虽然还不失优雅，但和隋末的保守样式相比已经显得略大，可以看作是这股袒露风潮的起点。不过贞观年间女子的裙顶线都在胸线以上，就算襦衫领口敞开，裸露在外的也只有锁骨部分而已。需要配合后来逐渐下移的裙顶线，才能使敞领与裙顶线之间裸露的面积加大，展现出女性的胸口和胸线。

当然唐代袒装的发展也不是毫无阻力的，从史料记载中，虽然看不到初唐时人们对逐渐兴起的袒露风潮的负面评价，但是有一则记载，可以从侧面说明唐初士大夫的观念也并不是那么开放的。《大唐新语》记载，唐太宗时，皇甫德参上

▲《步辇图》（局部）

▲ 初唐懿德太子李重润墓（706）壁画所绘宫廷侍女

▲ 敦煌莫高窟第 45 窟盛唐壁画，着敞领的女性供养人

书进谏，说李世民修洛阳宫，加重了百姓的劳役负担；朝廷收的地租太高，是征敛民财；民间开始崇尚女子梳高发髻，是因为受到了宫廷华丽发式的不良影响。按照皇甫德参所言，太宗皇帝劳民伤财、横征暴敛、铺张奢侈，看起来简直就是昏君一个。对于这种政治上的人身攻击，太宗也绝不忍让，怒气冲冲地回击道："此人欲使国家不收一租，不役一人，宫人无发，乃称其意！"直斥皇甫德参是吹毛求疵、无稽之谈。从皇甫德参对时尚流行的"高髻"的抨击中可以看出两点，一是当时的士大夫阶层对服饰的变化其实是相当敏感的，一个高髻，就觉得是恶俗、失礼了，何况袒露这样惊世骇俗的变

化，一定会引起一些人的不满。二是皇甫德
参说高髻的风尚来自于宫廷，可见当时宫廷
服饰对民间的影响力。现代考古学者根据考
古发现的实证指出，袒胸装束的流行正是由
贵族阶层向平民阶层扩散开去的。这种风尚
起源于宫廷，并且得到了统治阶层中强有力
人物的支持，否则很难在一些相对保守的贵
族世家中传播开来，继而影响到整个社会。

那么，在袒装逐渐兴起的过程中，这
个关键性的人物是谁呢？答案应该就是武则
天。武则天作为武周皇帝的在位时间，只有
公元690年至705年，一共十五年，但她拥
有强大影响力的时间绝不仅这十五年。实际
上从高宗永徽二年（651）再次入宫开始，武
则天便对高宗李治乃至朝廷政局有着强大的
影响力。而高宗李治朝又正是袒露风尚日盛
的时期，因而可以说正是在武后的影响力之

▶ 上：懿德太子李重润墓（706）侍女图。懿德太子墓壁画
中的内宫女官、侍女们几乎个个敞领露胸，呈"粉胸半掩凝
晴雪"状。这个时期的唐代女服袒胸风气达到了潮流顶峰。
下：高宗显庆三年（658）入葬的执失奉节墓出土壁画中的
舞蹈女子。女子身穿素色上衣，大领口的方领使得胸前很大
一片肌肤袒露在外，类似吊带背心的上装彰显出女性的特有
美感。在1957年考古发掘出土时，这幅壁画曾刷新了人们
对唐代女装款式的认识

下，以高宗李治为首的宫廷贵族、主流社会，对女性着装的改变采取了默许和纵容的态度。武则天在高宗朝重新入宫之初，为了给自己争夺后位造势，还是非常注重"妇德"方面的形象建设的，《旧唐书·高宗本纪》载永徽六年（655）三月"昭仪武氏著《内训》一篇"，十月"废皇后王氏为庶人，立昭仪武氏为皇后"，显庆元年（656）三月"皇后祀先蚕于北郊"。但在武则天成为皇后以后，高宗朝、武周朝（690—705）直至韦后、安乐公主、太平公主等宫廷女性影响朝政的中宗朝（705—710）和睿宗朝（710—712），都没有颁布过对女性服装的限制性规定，史称这段时间"宫禁宽弛"，因此"帷帽大行，幂篱渐息"，为袒胸装的流行提供了宽松的社会氛围。

◀ 盛唐薛儆墓（721）石椁上的线刻侍女图。身穿开领袒胸宽袖曳地长裙，袒胸之处丰乳半现，线条清晰可见。虽然肩上都披着帔子，但对胸前袒露并不做有意的遮挡

▲ 唐玄宗武惠妃墓（737）石椁内壁线刻仕女图。图中的贵妇与侍女们的长裙重新系于胸线以上，敞领变为交领，虽然着装并不保守，但与袒胸装最盛时候的懿德太子墓、薛儆墓中的仕女形象相比，已经明显有所收敛

　　自高宗至中宗、睿宗朝的这股袒胸装风气，虽然来势汹汹，但持续的时间并不长，到玄宗开元以后，女装风气又起了变化，礼法、家风、服制等又再受到了重视。《唐语林·德行》记载太尉西平王李晟（727—793）"治家整肃，贵贱皆不许时世妆梳，勋臣之家称'西平礼法'"；《旧唐书》记载太和二年（828）五月，唐文宗"命中使于汉阳公主及诸公主第宣旨：今后每遇对日，不得广插钗梳，不须着短窄衣服"。这些对服饰礼俗、敕令的记载，虽然没有直接谈袒胸装束的问题，但可以窥见皇家及士族对女性服饰逐渐收紧的态度。从玄宗朝以后的墓室壁画、女俑和绘画作品等图像资料来看，女装的袒露程度也确是呈下降趋势的。

"缕金衣透雪肌香"

另外，自开元天宝年间开始，唐代女装又表现出另一个潮流趋势：透。这种衣着风格在周昉的画作《簪花仕女图》中体现得非常明显：仕女长裙系于胸线以上，但外搭的透明广袖衫子材质轻薄，肩背和手臂肌肤隐约可见，虽不袒露，却另有一种含蓄的女性身体之美的展示。

晚唐词人李珣《浣溪沙》中描摹的美人形象，正可与《簪花仕女图》中的仕女形象互为印证："晚出闲庭看海棠，风流学得内家妆，小钗横戴一枝芳。镂玉梳斜云鬓腻，缕金衣透雪肌香，暗思何事立残阳？"

这种薄透的衣着潮流，是以唐代丝织品的技术进步与种类繁盛为基础的。虽然都是衣料，但中国古代文献记载中的织物名称有数百种之多。在唐代，仅丝织品就有绢、绫、锦、罗、纱、縠、缎、绌、纨、纻、绮等不同纹理、厚度、透气性的种类。特别是安史之乱以后，北方的社会经济遭到破坏，丝绸产地的中心逐渐南移至江南地区。唐人李肇《唐国史补》载："初（大历年间，766—779），越人不工机杼，薛兼训为江东节制，乃募军中未有室者，厚给货币，密令北地娶织妇以归，岁得数百人。由是越俗大化，竞添花样，绫纱妙称江左矣。"唐人李吉甫《元和郡县志》载："（越州，今浙江绍兴）自贞元（785—805）以后，凡贡之外，别进异文吴绫，凡花鼓歇单丝吴绫、吴朱纱等织丽物，凡数十种。"正是有了这些产量巨大、品类繁多的丝织品，宫廷贵妇、官宦女眷们才能够选择轻薄透光的衣料，将自己装扮得性感迷人。

从敦煌壁画、墓室壁画中所绘的女性形象来看，在晚唐五代时，女性的着装已经很难再见到袒露的样式。宋元以后，除伎乐以外，女性着装将肩

▲ 周昉所作《簪花仕女图》

◀ 唐代周昉（约玄宗朝至德宗朝）所作《挥扇仕女图》，画中女子着敞领襦衫，但并不袒胸。北宋《宣和画谱》记载周昉是长安人，家世显赫，其侍女图被誉为"古今之冠"。至于都说周昉所画女子体态过于丰腴，画谱解释说因为周昉游历于世家贵族之间，所见、所画妇女也是"贵而美者"，皆体态丰腴；况且关中女性，本就少有纤弱体形的，周昉不过是以当时贵族女性实况为蓝本，据实以绘

颈、领口部分逐渐收窄，唐代流行的敞领变成了细窄的交领、对襟直领。至
于明清时候，女装流行的领式变为立领，对颈部的包裹愈加严密，还发展出
以金属制作的"对扣"装点在领口，在不能展示身体之美的情况下，以贵金
属和奢华的宝石来映衬女子容颜，当然也彰显其财富和身份。经历了这些变
化以后，再回看唐代从贵妇到平民的女装风气，自然要感慨那是一个女性张
扬形体、恣意性感的年代。

▲《雍正妃行乐图》之二，现藏于故宫博物院，画中女子着立领内衫，领口装饰有两枚金质对扣

◀ 陕西西安段继荣墓出土的元代彩绘盘髻女陶俑，内着左衽白色小袖短衣，外穿抹领宽袖口对襟半臂

穿着时代：清代（1644）至今

主要款式：立领大襟女袍

穿着场合：日常

主要特征：由宽身演变为合体，领、袖、下摆有诸多变化

衣橱
第五格

咸与维新

旗袍的前世与今生

引子

张爱玲（1920—1995）以现代作家的身份广为人知，她的名作《半生缘》《红玫瑰与白玫瑰》《倾城之恋》等，被改编成电影、电视剧，在屏幕上演了一遍又一遍。在作品中，张爱玲对男欢女爱有着独到又犀利的见解，王小波称她"对女人的生活理解得很深刻"。但不那么广为人知的是，1920 年出生于上海公共租界的张爱玲还是一位不折不扣的"时装精"。

张爱玲在散文《童言无忌》里写，作家张恨水（1895—1967）"喜欢一个女人清清爽爽穿件蓝布罩衫，于罩衫下微微露出红绸旗袍，天真老实之中带点诱惑性"，这大概是中国传统男性眼中的理想女性。而她张爱玲，却不是，也不愿是这样的。她自幼便有个性，对服装的美有一种天生的追求。八岁要梳爱司头（如意髻，因酷似一个横写的"S"而得名），十岁要穿高跟鞋；曾用祖母一床夹被的被面做衣服，好似《乱世佳人》里用丝绒窗帘做裙子的斯嘉丽一样；也坦白曾在五岁时因为父亲的姨太太给她做了一身当时顶时髦的雪青丝绒短袄长裙，而喜欢那位名唤老八的从良妓女。

张爱玲也确实赶上了中国"时装"大发展的年代，从清朝到民国，正是中国社会辞旧迎新，"旗袍"在女子服装的舞台上从无到有直至大放异彩的年代。张爱玲凭着天性中对衣裳的敏感与讲究，在 1943 年写下了一篇讲述民国服饰史的精彩文章——《更衣记》。

　　《更衣记》里讲旗袍在民国十年横空出世，"1921 年，女人穿上了长袍"。"长袍"即旗袍，张爱玲讲它发源于满洲的旗装，随着 1644 年满清入关，这种满族女子穿着的袍服就和汉人女子穿着的袄裙一直并行，各不相犯。1912 年 1 月 1 日，孙中山先生发表《中华民国临时大总统宣言》，提出了"五族共和"，主张民族统一。1912 年 2 月 12 日，宣统皇帝颁布诏书宣布退位，中国进入了民国时代。可是民国十年之后，却"全国妇女突然一致采用旗袍"。要知道汉族女子堂而皇之地穿袍服，这在清代也是不曾有的事情。对于旗袍的出现，张爱玲的解释是女人们都穿旗袍"倒不是为了效忠于满清，提倡复辟运动，而是因为女子蓄意要模仿男子"。

　　1921 年，还只是个一岁婴儿的张爱玲，就这样于懵懂中见证了旗袍的发迹。

旗女之袍：北京城里的前世

在中国，自古以来女人的代名词是"三绺梳头，两截穿衣"。一截穿衣与两截穿衣是很细微的区别，似乎没有什么不公平之处，可是1920年的女人很容易地就多了心。她们初受西方文化的熏陶，醉心于男女平权之说，可是四周的实际情形与理想相差太远了，羞愤之下，她们排斥女性化的一切，恨不得将女人的根性斩尽杀绝。因此初兴的旗袍是严冷方正的，具有清教徒的风格。

——张爱玲《更衣记》节录

问所从来

"旗袍"的"旗"字，应当是指清朝"旗人"的意思。可是在清代，旗人不论男女，并不把自己所穿的袍服称为"旗袍"。当时的记述中，对满族女性服装的笼统称呼有"旗装""旗衣"，具体而言又分"衬衣"和"氅衣"，都没有"旗袍"这种叫法。

目前可考的资料中，"旗袍"一词最早出现在张謇（1853—1926）所著《雪宦绣谱图说》中。这是一本记录当时顶尖的绣女沈寿（1874—1921，号雪宦）口述的刺绣理论的书，书中介绍刺绣所用的绷子时说："绷有三，大绷旧用以绣旗袍之边，故谓之边绷。"这大概就是"旗袍"这种服装名称的"首秀"，可是这本书写于民国七年（1918），作者张謇是汉人，口述者沈寿也是汉人，由此看来，"旗袍"这种叫法并非出于旗人自称，而且它的出现已经是民国年间的事情了。

不过就算在民国初年旗袍的称谓产生以后，旗袍的穿着也并不普遍。当时的报纸、刊物上对新兴服饰的记录、讨论有很多，可是在1925年以前的出版物上，很难查到有关旗袍的记述。直到1925年以后，大量关于旗袍的文字资料才涌现出来，说明旗袍在20世纪20年代中期开始流行起来，之后逐渐成为一种普遍的女性服装。

那么，旗袍是不是承袭满族女性的旗装改良而来的呢？自民国时代起，人们对此就有针锋相对的看法。一种观点认为，旗袍是由清代旗女的袍服直接发展而来，是清代女袍形制的翻新；另一种观点认为，旗袍是民国初年女子为了寻求女权的解放和男女的平等，效仿男性的长衫而产生的。前引张爱玲《更衣记》中的记述，所持的就是后一种观点。

▲ 20 世纪 20 年代女旗袍，绸制饰卷云纹，现藏于中国丝绸博物馆

◀ 清代中晚期夏季女衬衣，妆花纱面饰藤萝花，现藏于故宫博物院

而对旗袍传承自清代女性旗装的观点，最直接、最有力的证据就是民国早期旗袍的形制与清末的满族女服实在是很相似，都是宽身造型，大襟右衽以盘扣系结，衣长至膝盖上下，下摆两侧开叉，所有衣缘均加镶边，包括衣身连袖一体的裁剪方式都如出一辙。若说民国旗袍与清代旗女之袍完全无关，实在令人难以信服。

只不过在从旗女之袍到民国旗袍的演变过程中，随着中国近代社会的纷扰动荡，也有诸多新思想、新技术、新生活方式影响着旗袍的形制，女性对自身服装的诉求再不是一纸服制可以限定的。若要弄明白旗袍的源流变迁，大概需要细细地讲上一大篇了。为了行文时方便区分，本书姑且将清代的旗女之袍称为"旗装"，而将民国以后的改良旗袍称为"旗袍"。

早期的满族袍服

满族女性自来就是穿袍的。袍作为一种服装形制在中原历史悠久，《诗经》里就有"岂曰无衣，与子同袍"。东汉时候刘熙《释名》讲袍是衣裳一体的长衣，长至脚面，最初只作内衣或私服，东汉以后才被用作正式的服装，男子和女子都可以穿着。自南北朝以来，女性最主要的日常服装形制是上衫下裙，可历代也都能看到一些女性穿袍服的文字或图像记录。南北朝至唐代女性穿袍的例子在"唐女祖装"一章里已经讨论过了，自宋以后，袍服在女性的衣箱里虽然不是主流，但也还是少量存在的。例如在福建福州发掘出的一座南宋淳祐三年（1243）女性墓葬，墓主人是宋朝宗室子弟之妻黄昇，结婚不到一年就去世了，墓葬中随葬了她出嫁时陪嫁的大量日常衣物，而且出土时大部分保存完整。其中服饰 201 件，包括有 11 件袍服，阔袖 5

黑龙江哈尔滨金代齐国王完颜晏墓出土的两件金锦棉袍。上图为完颜晏（1102—1162）所穿，下图为女性墓主人所穿，样式均为交领、窄袖、开襟，差别仅在男袍为左衽，女袍为右衽

件、窄袖 6 件，都是直领对襟的款式。

考古学家认为，满族的先民"肃慎"人从大约三千年前起，就生活在黑龙江宁安牡丹江镜泊湖一带，以游猎为生，并且以擅长制造弓箭闻名。南北朝时肃慎又称为"勿吉"，隋唐时期因为居住在黑龙江流域而被称为"黑水靺鞨"，以劲健骁勇著称。至辽、金时期又称为"女真"，并历经公元 1115 年至 1234 年间的金朝。在辽、金、元、明时代，女真人主要穿左衽袍服，或圆领或交领，衣长至膝盖与小腿之间，衣身和袖子紧窄，两面或四面开衩。史称女真族"女子之执鞭驰马，不异于男，十余岁儿童，亦能佩弓箭驰逐"。从努尔哈赤时代向归附的女真部落发放生活用品的记录中也可以看到，各式朝衣、袍子等衣物"按等级全部平均分配给男女"（《满文老档·太祖》卷六十五），男女通服，并不需要做性别区分。可证女真女子的服装与男子相同，也是袍服。

17 世纪初，女真建州部首领努尔哈赤逐渐统一了女真各部，于 1616 年建立了后金政权，并将各部编为"八旗"。1635 年，努尔哈赤将族名由女真改为"满洲"，1636 年，改国号为清。满族在入关以前的袍服，满语称为"衣介"，是男女老少一年四季都穿着的服装。每件袍服由整块衣料裁剪而成，基本结构是圆领、大襟、左衽、四面开衩、束腰和马蹄袖，没有任何不必要的系绊、口袋等装饰。这些服装结构都来自对民族生存环境和生活方式的适应。

满族生活在东北地区，那里气候寒冷，尤其是在冬天，需要有可以抵御风寒的服装，上下一体的袍服显然比上衣下裳结构的衣服更能够挡风御寒。宇文懋昭《大金国志》记载女真早期"厚毛为衣，非入室不撤衣，衣履稍薄，则堕指裂服，惟盛夏如内地"，因此不论男女贫富，非皮衣无以御寒，

▲ 清人绘《四川建昌镇总兵扎敦巴巴图鲁张芝元图轴》，私人收藏，2011年中国嘉德公司由意大利征集。张芝元是清代乾隆年间将领，以屡次平叛的功绩被收入紫光阁功臣图「平台湾二十功臣」部分。「巴图鲁」是满语中「英雄」「勇士」一词的音译。因为是行军行伍之人，服装需要便于行动，张芝元所穿的袍服除了入关后受华夏服饰习俗影响，将左衽改成了右衽，马蹄袖已挽起，其他形制都还保留了满族早期袍服的样式

"裤袜皆以皮"。因为皮毛御寒性能好的缘故，满族人继承了女真人爱穿毛皮的习俗，袍服夏季是单衣，春秋是夹衣，冬季则是毛皮质地。朝鲜人申忠一曾在《建州图录》中描述他所见的努尔哈赤及众将领的着装："头戴貂皮帽，着貂皮护项，身穿五采龙文天盖，上长至膝，下长至足，皆裁貂皮为缘饰。诸将亦有穿龙文衣者，只其缘饰则或以豹皮，或以水獭，或以山鼠皮。"努尔哈赤与麾下将领的服装等级区分不在是否可以使用龙纹，而在使用皮毛品类的不同，可见皮毛对当时满洲人的重要意义。窄袖接"马蹄袖"，也是为了保暖的诉求。衣袖宽了会灌风，箭袖即俗称的马蹄袖覆盖在手背上，既可以为手背保暖，又便于双手交叉缩进袖内取暖。颈部通常还有以盘扣系结的立领包裹，以增加御寒效果。

满族服装除了保暖之外的另一大特点就是行动方便。满族长期以来是个过着渔猎生活的民族，人人擅长骑射，自然要求服饰合体、简洁，便于骑马奔驰、狩猎战斗。据说少数民族服饰自古皆左衽的习俗本就源于骑射的需要，一是以右手拉弓弦、挥刀剑时不会拉扯到右腋下的系带，二是左大襟里藏有防身的武器和随身的干粮等物品，需要用时可以方便地以右手掏出。生活方式还决定了满族传统的袍服下摆宽大，在前后左右四面开衩，便于翻身上下马背。

皇太极时代，为了安置新招募和来降的蒙古人、汉人，在原有的"满洲八旗"建制基础上，又于天聪九年（1635）创建了"蒙古八旗"，崇德七年（1642）创建了"汉军八旗"。这些编入八旗中的蒙古人和汉人，享有与满八旗相同的地位和待遇，视同满人，也穿旗装，在清初就已经满族化了。所以说清代穿旗装的，实际不只是满族人，还有八旗之中的蒙古族人和汉族人，旗装是旗人之服装，但并不完全只是满族人的服装。

入关后的旗装变化

1644 年入关以后，整个满族全部南迁，生活方式发生了很大的变化。骑射活动从日常生活中淡出，于是袍服的下摆由宽大改为收敛，袖口却由窄变宽了。马蹄袖失去了实际用途，平时挽起变成了富有装饰意味的衣饰，只在遇见上级或长辈行礼的时候才左右手互相拍打行"掸袖"礼，将马蹄袖放下表示致敬。随着清代等级服制的建立，袍服开衩的数量由功能性的设计变成了区分身份、等级的一种服装特征："满汉士庶常袍，皆前后两开襟，便于乘骑也。御用袍、宗室袍，俱用四开襟，前后襟开二尺余，左右则一尺有余。"

入关以后，满族人学会了植棉、纺纱、织布以及养蚕缫丝，袍服的面料种类变得更多，出现了许多棉布、丝绸质料的旗装。满族女性本就喜好刺绣，爱在服饰的衣襟、鞋袜或荷包、枕头上刺绣鹤鹿、花草等吉祥图案。所以清代女性的袍服在左衽变换成右衽的同时，越来越注重装饰性，积极吸收汉族的各种工艺手法，并且大量引入汉族服饰中的刺绣纹样，绣饰、镶滚变得日益精致和花哨，使得袍服的视觉美感大为增加。

清代入关（1644）之初还没有要求中原汉人改易衣冠，自顺治九年（1652）起，钦定《服色肩舆条例》颁行，废除了明代的冠冕、礼服以及男子服装，要求所有男子剃发易服，统一穿着满族人的服装。而对女子的政策却不一样，推行了俗称为"男从女不从"的政策，允许汉族女子沿用汉式女装。而对满族女性，有清一代在服制上一直严禁她们穿汉式袄裙，坚持让她们穿着满族的旗女之袍。

在入关之前，清太宗皇太极（1592—1643）时，满族人一面与明朝的

军队激烈交战，一面也越来越多地接触中原汉俗、吸纳汉族官吏，有些满族人喜爱汉服、沾染汉俗的事情在所难免。皇太极三令五申，强调满族人必须保持本民族的传统习惯，不许亲王大臣们学穿汉人的宽袍大袖，要求八旗子弟、宫女奴仆都要穿满族服饰。据《清实录》记载，皇太极于崇德二年（1637）曾对诸王、贝勒说："我国家以骑射为业，今若轻循汉人之俗，不亲弓矢，则武备何由而习乎？射猎者、演武之法；服制者、立国之经。嗣后凡出师、田猎，许服便服，其余悉令遵照国初定制，仍服朝衣，并欲使后世子孙勿轻变弃祖制。"在崇德三年（1638），又下谕礼部："有效他国衣冠束发裹足者，重治其罪。"对民族服饰的坚持贯穿了清代始末，以保持其民族的独立性。

在女装方面，满族妇女的典型便服着装是上梳两把头，身着宽大"旗装"，足蹬花盆底鞋；汉族妇女的典型着装则为平头圆髻，上穿滚边袄衫，下着长裙，脚穿弓鞋。这两种装束分别代表了中国历史上服装式样最基本的两种形制，即衣裳连属制（深衣制）和上衣下裳制。虽然清代朝廷严禁满族妇女穿着上袄下裙的汉式衣衫，清初满族女性和汉族女性在服饰上尚能够保持泾渭分明，但是满汉服饰文化长期交融，清代中期开始，随着当时中国社会的进一步稳定和各民族之间的进一步融合，旗女之袍在样式上逐渐受到汉族服饰风格的影响，吸收了很多汉式服装的造型元素和装饰手法，发生了一定程度的变化和改进。

◀ 内蒙古白音尔灯荣宪公主墓出土的清初彩绣女袍。墓主人荣宪公主（1673—1728）是康熙皇帝的三女儿，其袍服以绸缎制成，在圆领处镶有一道狭窄的黑边，衣服上施彩绣。形制具清代早期袍服的典型特征，整体轮廓偏宽短，款式为右衽、圆领、窄袖，腋下胸围处收窄，下摆部分相对宽大，呈喇叭形

衣领方面，原本女真、满族在关外穿衣都是有立领的，但层叠穿着的衣物只有一件有领即可，所以具体到某件袍服来看，有的是有领的，有的是无领的。清初的旗女之袍也有圆领（无领）和低领的两种，在不用领时颈部也不会完全裸露，而是在颈间加一条白色领巾。清中期以后，采用立领的样式大为增加，而且窄狭的领头逐渐加高，形成了像元宝的侧面轮廓一样中间低两边耸起的领形，被称为"元宝领"。

▲ 左：传为意大利传教士、清康乾年间宫廷画家郎世宁（1688—1766）所作《香妃油画像》。画中女子穿圆领，领缘有刺绣牡丹花边饰。中：清道光年间（1821—1850）《清宣宗行乐图》中的寿安固伦公主，所穿旗装为小立领。右：晚清穿旗装的满族女子照片，领头高度超过两寸，盖住了双颊

衣袖方面，受汉族女装衫袄大袖特征的影响，满族贵族女性旗装的窄紧的马蹄袖被改去，逐渐变得宽肥，还出现了大挽袖、套花袖等款式。"大挽袖"是指袖长超过手臂，在袖里的下半部分绣有精美的纹样，穿着时将袖子超长的部分挽起，露出里面的彩绣。"套花袖"也称"补袖"，是指外袍的袖长仅仅过肘，在袖内另接一段与袍服颜色不同的面料，穿着时内袖长于外袖，长出的一截内袖也展示出各种精美的刺绣纹样。这些在衣袖处玩出的花样，都是习自中原汉服女装的设计细节。在嘉庆十一年（1806）和二十二年（1817），嘉庆皇帝两次下谕，重申八旗女子不可效仿汉族服装，对八旗女子模仿汉族妇女衣着、擅自改变衣袖宽度的风气予以严厉斥责："倘各旗满洲、蒙古秀女内有衣袖宽大，一经查出，即将其父兄指名参奏治罪。"可见至清代中期，满族女

▲ 清道光年间（1821—1850）《清宣宗行乐图》中的寿恩固伦公主，旗装袖口有一截白色"挽袖"，袖口内露出刺绣精美的另一截内袖，即为"套花袖"（补袖）

◄ 慈安皇太后钮祜禄氏（1837—1881）常服画像，所穿袍服衣袖宽大，大袖内还套有三层补袖，颜色各不相同，且配色相当考究。这种层层叠落的效果是当时的一种时尚

性加宽旗装衣袖的行为，已经普遍到令统治者对能否保持满族服装的民族性感到忧心。于是在道光（1821—1850）以后，形成了以白色挽袖代替马蹄袖的旗装特点，既满足了满族女性对宽袖时尚的追求，又以变通的形式保持了旗装与汉装不同的独特样式。崇彝著《道咸以来朝野杂记》载清代中后期满族女性拜年时"以氅衣有绣花挽袖加卷领为恭"，说明挽袖已经完全取代了马蹄袖在礼仪场合表达恭敬的象征意义。

衣长方面，最初满族女子与男子一样擅长骑射，所以所穿旗装也与男子的样式相似，前后左右四面开裾，衣长只到小腿，便于骑马活动。但随着满

▶ 清初《威弧获鹿图》绘乾隆皇帝身着行服，在奔驰的马上拉弓射箭，身畔另一匹马上有一位女子策马相随，正将一支箭递给弘历。可见乾隆朝时还有宫妃擅骑射不输男子

族女性，特别是上层宫廷女性的生活越来越局限在高墙深宫之中，对旗装要便于活动的要求就减弱了，取而代之的是对美观的追求。普通旗装的衣长增长至脚踝，贵族女子和宫廷嫔妃因为穿高木底旗鞋（俗称"花盆底"或"马蹄底"鞋，来源于满族祖先"削木为履"的传统习惯），衣长甚至超过了脚，以遮盖住鞋子。旗鞋的木底高度一般在5至15厘米之间，穿上以后要求女性体态端庄才能站立行走，而且旗鞋由旗装下摆挡住部分，视觉上大大增加了女性的身高，再加上头梳旗妆髻"如意头"，更显得身材颀长、比例匀称，颇具美感。

▲ 清末老照片中穿着旗鞋的两名满族女子，少女的旗鞋裸露在外，成年女子的旗装衣长盖住了旗鞋，两人看上去身姿都很端正挺拔

◀ 清代彩绣镶宝石旗鞋，多为十三四岁以上贵族中青年女性穿着

衣饰方面，旗装上缝制的滚边，最早是用来加厚、修补衣服上容易破损的部位，例如袖口、领口、下摆这些穿着时经常产生摩擦的位置，具有比较明确的实用功能。自清代中期开始，官宦女眷们越来越注重旗装上的镶滚和绣饰，一直在追求服装的华丽和生动之气，夸张的款式、精致的细节处理、铺张的用料是这一时期的重要特色，继而带动着整个社会的女性着装风气，向着精细奢华的方向发展。

清代旗装的工艺繁复，是历代袍服所不及的。天子贵胄朝袍上盘金满绣的团龙、团蟒纹样精细华美，在历代服装中可以称之为"最"。官宦女眷制作旗装用的面料大多是精美的绸缎，为显示穿着者显赫的地位和尊贵的身份，又在衣料上以写实的手法绣出带有各种吉祥寓意的图案纹样，一袭旗装绣花图案面积可达百分之七十以上，费工、费料超乎寻常。这种用料、选色的华丽取向，正好成为区分着装者身份等级的界限。宫廷旗装按官品等级选用华贵的面料，如缎、绡、绸、纱及剪绒织物，并且用色明朗、艳丽，平民的旗装则多用些素净、灰暗的颜色。

▲ 清《胤禛行乐图》中所绘雍正皇帝胤禛尚在藩邸时（约 18 世纪初）的两位妻妾。左立者应为嫡福晋那拉氏，右立者应为格格（庶福晋）钮祜禄氏。二人均穿便袍，保留着早期袍服较为宽大的特征。虽然领襟部位开始有镶沿花边等装饰，但整体样式还是相当简朴的

▲ 清末彩绣镶阔边旗袍。
采用的凤凰、牡丹纹
样，象征着富贵吉祥，
也是来自汉文化元素的
装饰花纹

▶ 清光绪年间（1875—1908）品月
色缂丝凤凰梅花灰鼠皮衬衣，现藏
故宫博物院，整体绣工非常精细

在晚清，镶滚花边也完全发展成了一种装饰性手法。贵族女子通常在旗装的领、襟、袖的边沿部位用很多道宽图案花边镶滚，滚边之间刺绣的花色图案也极为丰富多彩。当时有"三镶三滚""五镶五滚"的说法，更多的可以达到十几道。经过如此烦琐工艺加工后的旗装、马甲，色彩绚丽，花纹精美，成为女子旗装中最为奢华的装饰成分。这种夸张的装饰风格在咸丰（1851—1861）、同治（1862—1874）时期达到了最高峰，据说最夸张的时候在北京等地盛行"十八镶"的做法，就是在女子旗装上镶滚十八道衣边才算好看，一件袍服只能看见花边，而衣服本身的质地、面料已经完全看不出来了。

▶ 清末光绪皇帝珍妃老照片。所穿旗装为立领、大襟；领圈、衣襟、袖口、下摆均镶滚多重花边

"衬衣"和"氅衣"

衬衣是满族传统服装中穿作内衣的一种袍服，因是内衬的衣服而得名为衬衣。因为满族人无论男女穿外袍均有开衩，有时开衩高至腋下，如果没有内衣很容易露出身体，显然是不合礼仪的。所以在外袍之下"尚有一件长衣，似便服而非便服，则衬衣是也。凡穿官服之袍，前后均开衩，若内无衬衣则露腿，所以必须内穿此衣"（《晚清宫廷生活见闻》）。正因为如此，内搭的衬衣是没有开衩的，要将身体完全遮挡住。清代女子衬衣的基本形制是圆领、大襟、右衽、直身，袖子平直，袖长至手腕处。

清代前期的衬衣用料和装饰风格都比较朴素，以穿着实用为主。后来随着经济的发展和人们审美观念的转变，衬衣的袖子变得宽大，并开始大幅度地增加装饰性。在道光（1821—1850）之后，由于其装饰效果越来越强，深得满族女性的喜爱，以至于出现了内衣外穿的局面，将之作为居家穿着的便服。但是衬衣的主要用途毕竟还是内衣，穿到公开场合终归不雅。于是在衬衣的造型基础上稍作改动，另一种穿在衬衣外面的新式旗装——"氅衣"出现了。

氅衣和衬衣的造型非常相似，也是圆领、大襟、右衽，最显著的不同是氅衣左右两侧高开衩，并在两边开

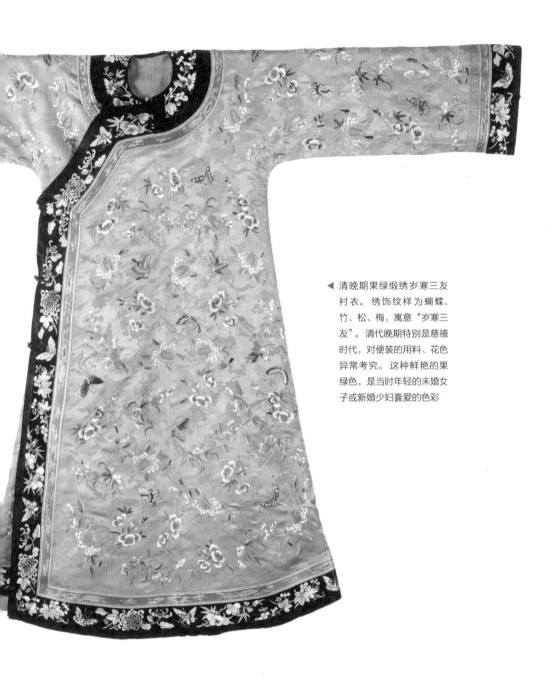

◀ 清晚期果绿缎绣岁寒三友
衬衣。绣饰纹样为蝴蝶、
竹、松、梅，寓意"岁寒三
友"。清代晚期特别是慈禧
时代，对便装的用料、花色
异常考究。这种鲜艳的果
绿色，是当时年轻的未婚女
子或新婚少妇喜爱的色彩

◀ 清光绪年间（1875—1908）大红丝地绣蝶恋花纹氅衣。款式为圆领、平袖、直身，左右开裾至腋下，开裾的顶端饰如意云头。全身彩绣兰花、蝴蝶、牡丹、蟹爪菊，"蝶恋花"寓意"吉庆"。黑色缎绣葡萄、蟹爪菊、牡丹。氅衣绣工匀细，色彩艳丽，是慈禧太后喜爱的典型风格

衩的顶部各有一朵以刺绣花边装饰成的"如意云头"。氅衣的装饰手法比衬衣更加讲究，更加华丽，镶边层数也更多。在民国旗袍出现以后，许多造型特点都可以追溯到氅衣的形制上。如果给氅衣加上领子、收缩腰身，就很有民国早期旗袍的样子了，所以很多学者认为，氅衣就是民国旗袍的雏形。

晚清女装的满汉融合

清代自入关以来，就秉持着"国俗衣冠，一沿旧式"的冠服理念，并将服饰问题提升到了"立国之经"的高度加以重视。历代皇帝都学习满汉文化，但也都对满族人的汉化问题深感忧虑。康熙朝时，康熙皇帝就注意到八旗子弟开始远离骑射，渐趋文弱，而旗女们也开始追逐汉装时尚，因此严厉申饬警戒。乾隆、嘉靖年间因为汉学大盛，满族女性也屡有效仿汉装的现象，乾隆二十四年（1759）甚至出现了满族旗女使用汉族妆饰入宫选秀女的事情。旗女不爱旗妆爱汉妆的情况令乾隆皇帝感到忧心，于是颁发上谕："此次阅选秀女，竟有仿汉人妆饰者，实非满洲风俗。在朕前尚尔如此，其在家，恣意服饰，更不待言。嗣后但当以纯朴为贵，断不可任意妆饰。"（《清稗类钞》）

但是敕令并不能阻止民间满汉女性对审美的共同追求。乾嘉以后，汉族女服流行"双袖阔来过一尺"的风尚，旗装也受此影响，袍服袖口向着平直宽大的形制转变。到了晚清，民间满汉两族经过长期的杂居共处，彼此的生活习惯已逐渐趋于相同，又逢清末光绪年间满汉通婚大门的开启，更加速了满汉文化融合并汇的脚步。当时民间流传着满汉服装相互学习，"大半旗装改汉装，宫袍截作短衣裳"的说法。

在汉式女装影响着旗装的同时，旗装的独特风格也使汉式女服产生了变化。前述旗女袍袖因为受到汉式服装的影响而由窄变宽，而另一方面，汉族女子的衣袖又因受到旗装的影响而由宽变窄。生活于明清之际的叶梦珠（1623—约1695）著《阅世编》记载明末女装流行窄袖，"袖初尚小，有仅盈尺者"，清军入关以后强制汉族男性剃发易服，激发了女性以突出自身服饰的汉族特征来表达民族情怀，于是汉女衣袖一时"大至三尺，与男服同"。随后，伴随着全国局势的逐渐稳定，加上入关后满族女性窄袖旗装在社会上的大量出现，"自顺治以后，女袖又渐小，今（康熙朝）亦不过尺余耳"。至乾隆年间，由经学兴盛带来儒家传统文化的影响力增加，汉族女子的衣袖又有变阔的趋势，"女衫以二尺八寸为长，袖广尺二，外护袖以锦绣镶之，冬则用貂狐之类"（李斗《扬州画舫录》）。至嘉庆朝，《都门竹枝词》中描述汉族女子衣袖是"双袖阔来过一尺"，直到清末同治、光绪朝的时候，也仍是"袖广一尺有余"，袖宽始终没有再回到"褒衣博袖"的程度。

清代直到光绪朝之前，都是禁止满汉通婚的，所以汉族女性除了丈夫在朝为官的可以随夫穿戴朝珠补服之外，绝大部分人一生中都与旗装无缘。满族作为清朝的统治者，旗女的旗装自然也具有"上层社会"身份象征的意味，会引起汉族女性的关注和效仿。晚清随着政权统治力量的削弱，服饰管制的力度也逐渐松弛，汉家女子的服装改变也就悄然而至。汉女的衫袄身长开始变得像满族旗装一样越来越长，有一些汉族女性甚至索性尝试着穿起满族的旗装、旗鞋，梳上了旗头，还以此形象留下了许多纪念照片。

当时北京毕竟是天子脚下，百姓的服装受到的限制要多一些，在上海这样的开埠城市，没有功名的汉人模

▲ 晚清汉族女子老照片。左侧女子穿着上袄下裤，以裤代裙是同治、光绪朝以后流行的汉装款式，裤腿下露出缠足金莲。凭着一对金莲就可以确定女子的汉族身份，因为清代旗人女子照例是不缠足的。该女子所穿的袄身长几乎至膝盖，明显受到长款旗装的样式影响。大襟的样式也与旗装非常相似。右侧女子的袄在衣襟、下摆处镶滚有多道花边，与当时流行的旗装一样

仿满族服饰的现象比比皆是。如申左瘦梅生有诗记曰："簇新时派学旗装，鬓挽双双香水香。拖地花袍宫样好，宽襟大袖锦边镶。"（陈无我《老上海三十年见闻录》）晚清葛元煦撰《沪游杂记》记载："洋泾浜一隅，五方杂处，服色随时更易……女则效满洲装束，殊觉耳目一新。"

　　所以"旗装改汉服""汉女披旗衣"，就成了当时社会风气锐变的真实写照。旗装的造型样式与装饰纹样变得越来越汉化，而旗女之袍的样式也开始走进汉族女性的生活。满汉文化相互交汇、共融的局面已被广泛认可，为日后民国女性旗袍的出现和兴盛奠定了基础。

▶ 清代旗人女性着装中除了袍服之外的几种：（上左）"背心"，即坎肩，套穿在袍服之外。图为光绪年间小坎肩，立领琵琶襟，身长70厘米，下摆宽86厘米。清末记载宫女的套服由内而外依次是底衣、衬衣、外衣、背心，可见背心是穿着在最外面的。（上右）"褂襕"，一种长背心，长度一般在膝盖上下，最长的可达脚踝。图中这件光绪年间的褂襕身长139厘米，下摆宽117厘米，通身宽大，圆领对襟，是由明代汉族服饰中的"比甲"演变而来的。（下）"云肩"，因通常使用如意祥云纹图案而得名，满族妇女喜欢在旗装上搭配云肩以强化肩部的装饰性，通常是在节日庆典及婚礼等隆重的场面中搭配旗装穿着，日常穿着中并不使用

辛亥革命后女子服装的"百花齐放"

　　1911 年 10 月 10 日武昌起义爆发，之后短短两个月的时间里，湖北、湖南、江苏（含上海）、广东等十五个省纷纷宣布脱离清政府独立。1912 年 1 月 1 日孙中山在南京就任临时大总统，2 月 12 日清宣统皇帝溥仪发布退位诏书，宣告中国 2133 年的帝制历史至此终结。自 1912 年至 1949 年 10 月 1 日之前，中国处于"中华民国"时代。

　　这一场辛亥革命，是中国近代史上最伟大的事件之一，它的影响不仅是政权更迭，还深深触及经济、文化、社会生活等各个方面。辛亥革命废除帝制之后，实施了剪辫发、除陋习、易服饰的政策，民国政府颁布的法令规定，"政府官员不论职位高低，都穿同样的制服"，从而废除了"昭名分，辨等威"的传统服制。如果说在两千年封建帝制的时代，女性在着装方面最大的敌人是服制，服制规定了什么身份等级的人应当穿什么材质、什么颜色的衣服，那么辛亥革命以后，女性着装最大的挑战就变成了"时尚"。服装一下子有了太多的可能性，反倒让人无所适从。1912 年 3 月 20 日的《申报》载文道，时人着装"中国人外国装，外国人中国装"，"妓女效女学生，女学生似妓女"，平民穿官服，官僚穿民服，总之没有了上下规矩，一时间乱作一团。包括号称是国际大都市的上海在内，几乎全部中国女性都在寻找既能适合自己的身份，又能彰显中国文化的服装样式。

旗装的退守与转型

1911 年辛亥革命后，作为清代文化的遗留物，旗装在民间受到冷落。汉族人自然是不会再以穿着旗装为荣，而旗女们也一下子收敛很多。但是，由于很快开始的新文化运动推崇"德先生"和"赛先生"（Democracy 和 Science，即民主与科学），所以在新旧交替之际，整体的社会气氛表现出了对服饰比较强的宽容性，旗装在民国初期并没有被立即废除、禁止，只是退守到了满族贵族家庭的内部，在社会上不再是着装演进的主流。

受到整体社会风潮的影响，曾经是中国贵族女性主流服饰的旗装也摆脱了以奢为美、以繁为贵的审美束缚，变得更加主张简约、自然。从这一时期清逊帝溥仪的"末代皇后"郭布罗·婉容（1906—1946）的全身像照片可以看到，婉容身穿的旗装整体轮廓仍然沿袭着清末的宽身造型，但样式已经较晚清时大为简化，颜色素了，袖子窄了，那些繁缛的镶滚花边几乎都看不到了。而且，满族贵族女性的标志性装束——旗头"大拉翅"和旗鞋"花盆底"也不见了。

▲ 民国初年婉容穿便服袍像

同时在民间，民国成立之后仍然有部分旗女穿着旗装，式样与清末并无太大变化，只是也将旗头"大拉翅"省略掉了，只将头发在头顶绾成一个髻，簪插少许珠钗或绢花，仿佛又回到了入关以前的简朴的满族发髻。脱离了朝廷服制的种种规定和管束，也不用承载各种政治意义，旗装又变回了单纯的满族女性传统服装的样子。

▲ 清末民初穿旗装、梳圆髻的满族女性

西风东渐

清末鸦片战争以后签订了《南京条约》（1842），"五口通商"开放了广州、厦门、福州、宁波、上海五个沿海城市作为通商口岸。其中广州是老牌的对外贸易港口，厦门、福州、宁波三地因为地理的限制商贸并不发达，只有新开的上海，地处江浙富庶地区，扼守长江口，既接近大宗出口商品丝绸、茶叶的产地，又是中国国内南北海运的中间站，在开放通商之后，原本在广州的英美商人、买办纷纷转往上海开设洋行。张焘《津门杂记》说："原广东通商最早，得洋气之先，类多效泰西所为。"但上海开埠后，至1853年，就已经超越了广州，成为远东国际贸易与时尚的中心，"一衣一服，莫不矜奇斗巧，日出新裁"，北京、南京等地"妇女衣服，好时髦者，每追踪于上海式样"（胡朴安《中华全国风俗志》）。

面对纷至沓来的"洋人"，上海经历了"初则惊，继则异，再继则羡，后继则效"（唐振常撰《近代上海探索录》）的心理反应过程，西方的时装如同他们的技术一样，在上海等通商口岸城市有了很大的市场。据记载，当年西方商船抵达上海后，"至于衣服，则来自舶来，一箱甫起，经人知道，遂争相购制，未及三日，俨然衣之出矣"（姜水居士撰《海上风俗大观》）。辛亥革命之后，服制暂缺，中国女性的服饰受到西方影响，在面料、形

▲ 高领、窄袖、细裤腿，都是民国初年流行的女装样式

▶ 民国七年（1918）的香烟广告。画面中三名女子，两人穿上衣下裤，一人穿便袍配短坎肩，衣领都很高，呈"元宝领"形。服装的色彩都可以称之为素雅，坐在椅上的那位女性着装尤其"时尚"，上衣花色是西洋简约风格的宽竖条纹，脚上穿的是刚刚传入中国的有跟皮鞋

式、色彩、图案等方面都有了很明显的变化。

在上海等通商开放城市，女性的服装除了使用本土的传统面料之外，像天鹅绒、印花布、羽纱、机织花边等进口的服饰材料也得到广泛应用，极大地丰富了面料的选择。而且由机器制造的洋绸、洋缎、洋锦等价格比国产丝绸低廉，它们充斥中国市场以后，连带着使得女性对服装的态度也变得更加随性。因为制作一身衣服不用再花费巨资，不用将精工细作的衣衫传承后辈，"做一件，传三代"的观念日渐行之不通。在色彩方面，清代女性服饰的颜色以红绿两色为时尚，辛亥革命后，妇女多倾向于选择鸢（茶褐）、紫、灰青等素雅的颜色。裙子方面亦是。清代的裙制只有黑红两色，"今则以衣裙同色为美，似有欧风"（李寓一撰《近二十五年来中国南北各大都会之装饰》）。不仅如此，镶边甚至鞋、帽的颜色也开始讲究与衣服本色的统一与协调，不再一味以饱和度高、对比强烈的色彩为美。

至于服装式样，"衣式于民元及三四年间，极尚瘦小，腰身臂膀以毫无褶纹为美"（权柏华撰《近二十五年来各大都会男女装饰的变迁》）。为了展示身材曲线，便服流行束身、窄袖，这种对"合身"的追求，也来自于西洋服饰风格的影响。同时服装的式样也在简化，晚清时那些一味繁复的镶滚花边、层层套袖都不再得见。

谁说女子不如男

在中国古代历史中，是没有所谓"男女平等"观念的。实际上到 18 世纪末以前，欧美国家也是同样没有"女权"观念的。甚至在 17 世纪提出现代"人权"概念之后相当长的一段时间里，女权也还没有被包括在人权概念之中。直到 1791 年，法国大革命的妇女领袖奥兰普·德古热（1748—1793）发表了《女权宣言》，才标志着女性为自身谋求与男性同等权力的"女性主义运动"的开端。这种诉求在 19 世纪逐渐演变为有组织的社会运动，并在 19 世纪末形成了第一次浪潮，要求给予女性公民权、政治权利，强调女性与男性在智力和能力上都是没有差别的。

自 1840 年鸦片战争以后，中国人开眼看世界，就接触到了西方女性主义的思潮，所以比较而言，中国社会在现代妇女解放、性别平权的道路上起步并不算晚。先是维新派梁启超提出："天下积弱之本，则必自妇人不学始……是故女学最盛者，其国最强，不战而屈人之兵，美是也；女学次盛者，其国次强，英、法、德、日本是也。"在梁启超的协助下，中国第一所女学堂于 1897 年创办，从此女学逐渐兴盛。清末民初，不仅在国内各地开办了女学堂，而且在 1874 年至 1895 年间自费赴美留学的四十五名中国学生中，至少有三名是女性。康有为的女儿康同璧曾于 1901 年只身前往印度看望父亲，并自称为"第一个到过唐僧西天取经之地的中国女性"。康同璧 1903 年赴美留学，《纽约邮报》曾引述过她的一段话："等我念完书，我将回国唤醒祖国的妇女。我特别关心妇女参政权，望能唤起中国妇女实现其权利。"后来对中国影响甚为深远的"宋氏三姐妹"，也分别在 1904 年至 1917 年间赴美国卫斯理女子学院学习。

在那个特定的时期，中国女性的解放不仅体现在以知识武装头脑上，也体现在以男式长衫武装身体上。长衫最初是广东一带对男子长袍的称呼，辛亥革命前夕，许多积极参与革命团体的青年女性都喜爱像男子一样穿长衫。周亚卫在《光复会见闻杂忆》中回忆 1907 年秋瑾的装束："当时身穿一件玄青色湖绸长袍（和男人一样的长袍），头梳辫子，加上玄青辫穗，放脚，穿

▲ 清末民初在照相馆拍摄的女效男装照

▲ 民国初年穿汉式服装的女子合影，已均为天足

黑缎靴。那年她三十二岁。光复会的年轻会员们都称呼她为'秋先生'。"可见在当时的社会背景下，确实有女子为求与男子平等的权利而穿男子之长衫的风气。而且这种风气并没有随着革命的胜利而结束，反而愈演愈烈。1920年《民国日报》刊登文章《女子着长衫的好处》，列举出了四大优点：便利（上下只需一件）、卫生（冬暖夏凉）、美观（比上衣下裙好看）、省钱（节省布料）。北京的报纸也说："现在的女子剪发了，足也放了，连衣服也多穿长袍了。我们乍一见时，辨不出他是男是女，将来的男女装束必不免有同化之一日。"这种男性化的长袍腰身宽松，身长至脚踝，袖长至手腕，因为实在近似男装，当时也只有"时髦"的女性勇于尝试。况且女穿男袍的风气在当时的社会舆论中受到的批评也不少，到北伐胜利以后，穿男子长衫的女性就比较少见了。直到现在，英语中还有将旗袍译为"Cheongsam"的，即广东话"长衫"的音译，也算是民国初年女子穿长衫风潮遗留的印记。

受到女性主义运动的影响，民国初年在中国女性的身体、服装上，还发生了两种影响深远的变化。一是民国后颁布了《放足令》，汉族女性"三寸金莲"的时代宣告终结。女子放足以后，不仅有了出行、运动的基础，也有了穿丝袜、高跟鞋，将脚光明正大地露出来的可能。二是政府倡导"天乳运动"，反对传统女性的束胸，提倡使用西式的胸罩。早先徐珂在《莼飞馆词续》即云："今之少妇，有紧身马甲，严扣其胸，逼乳不耸，妨发育，碍呼吸，其甚弊于西妇之束腰。"天乳所反对的，就是严束严压的内衣，即所谓小马甲。倡导"天乳运动"，既避免了束胸对女性身体的伤害，也使自由生长的胸部能够适应挺胸、束腰、提臀的西方女性审美，将身体的曲线美显露出来，为民国风格旗袍的流行奠定了基础。

民国旗袍：上海滩上的今生

 1920年，上海《解放画报》刊登了一幅讽刺画，配文曰："辛丑革命，排满很烈，满洲妇女因为性命关系，大都改穿汉服，此种废物，久已无人过问。不料上海妇女，现在大制旗袍，什么用意，实在解释不出。有人说：'她们看游戏场内唱大鼓书的披在身上，既美观，到了冬天又可以御寒，故而爱穿。'又有人说：'不是这个道理，爱穿旗袍的妇女都是满清遗老的眷属。'近日某某二公司减价期内，来来往往的妇女，都穿着五光十色的旗袍，后说若确，我又不懂上海哪来这些遗老眷属呢？"

 这问题提得很有意思，旗袍形似旗装，虽然是有诸多改良、变化的，但以男性视角来看，与旗装大同小异，被认定是同一种服装也不为过。可让画报作者想不明白的是，大清朝都已经亡了，女人们为什么还爱穿着前朝遗物招摇过市呢？

 上海不比北京，自然是没有那么多"遗老眷属"的，但"冬天又可以御寒"确实是一个实用的原因。民国之后，新派改良旗袍兴起以前，仍穿旗装的确多是些较为老派的女性，所穿旗袍也多沿袭清代的宽阔式样，因为连身保暖，故而也被称为"暖袍"。于是从功能实用的角度考虑，上海一到秋风转寒的时候，很多女性都穿起夹棉、衬绒或毛皮的旗袍，而面子用艳丽的绸缎，既很美观又可御寒。徐郁文在《衣服的进步》中说："到了民国十年（1921），我们女界多风行旗袍，旗袍一行，我们女界到了冬天可便宜得多了。"

开风气之先——欢场的时尚先锋

旗袍在上海从实用转向时尚，第一拨转变却是由青楼女子完成。

老上海有条"四马路"，又名"福州路"，路的东段汇集了中华书局、商务印书馆、开明书店、时报等一众新闻出版业，是条文化街；而西段则妓院、娱乐场林立，是老上海著名的红粉街。民国初年，上海大部分的新式服饰不是产生于设计师的头脑中或者裁缝铺的剪刀下，而是来自于青楼、舞场中女子的交际需要。她们的服饰，需要最华美的修饰和最新奇的样式。"因为花间女子在穿着上绝不囿于成规旧矩，她们知道什么样的服装可以招揽更多的生意，什么样的服装可以让自己脱颖于众花之中，故大胆时髦，对服饰心理很有研究。"所以风月场所的女子们就成为了引领时尚的消费先驱。早在晚清时，徐珂的《清稗类钞》便记载："同光之交，上海青楼中之衣饰，岁易新式，靓妆倩服，悉随时尚。"因为身处租界的关系，青楼女子们还以出游为时尚（不会被视为"流莺"或以有伤风化论处），"不遍洋场不返家"，在社会公共空间充分地展示她们身上的"奇装异服"，因此"风尚所趋，良家妇女，无不尤而效之"。

娼与优从晚清开始成为上海的社会明星，上海人亦步亦趋地学习她们的穿着打扮。据时人记载，清末的官僚多喜欢购买娼优为侧室。"妇女妆饰的改革多创始于娼妓，官宦家的侧室多出于勾栏，其妆饰当然与娼妓一律，富贵人家的妇女再相率效仿，于是新式的妆饰便可传染于上层人家的闺阁了。"（权柏华《二十五年来各大都会妆饰谈》）

民国时期亦是，1922年的《红杂志》上有一段记载："不领之衣，露肌之裤，只要妓院中发明出来，一般姑娘小姐，立刻就染着传染病，比什么还快……""时髦"一词的出现，就是对这种风尚的最佳诠释："'时髦'一词最初是上海人对乔装打扮、穿着时新的妓女、优人的称呼，如'时髦倌人''时髦小妹'等。后来喜着时新衣装的人愈来愈多，'时髦'两字就不再为妓优所专有了，时髦的词意内涵也丰富起来。"（乐正《近代上海人社会心态（1870—1910）》）

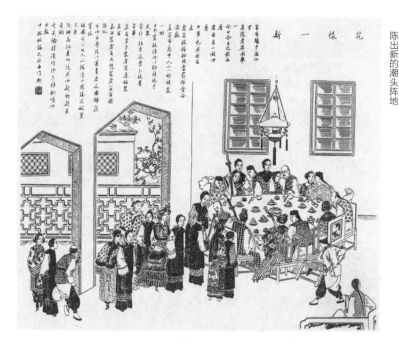

清末《点石斋画报》刊出的一幅漫画『花样一新』，表现上海尚仁里妓院里一群妓女出堂会时衣着花样各异的情景。其中有钮子旗袍、长袍马褂的男装、明式比甲，日式和服，甚至还有西洋裙帽。欢场一直是时尚潮流推陈出新的潮头阵地

▲ 英美烟草公司的广告画《花妓》，民国四年（1915）印行。据说画中女子的原型即是清末明初的名妓赛金花。以名妓为广告画主角推销产品，可见当时社会流行以欢场女子为摩登的代言人

民国初年，上海的汉族妇女穿旗袍的并不多，但到了 20 年代初，旗袍首先在青楼女子中流行起来，时人记当时名妓唤作林黛玉的喜穿旗袍："老林黛玉异时流，前度装从箱底搜，一时学样满青楼，出风头、一半儿时髦一半儿旧。"继而良家妇女看到那些新奇时髦的装束吸引了自己丈夫的眼球，便也开始模仿其打扮，所谓"女衣悉听娼妓翻新，大家亦随之"。更有从良为妾的妓女或舞女，将时新旗袍从欢场穿进了宅院，富贵人家的女眷再竞相效仿，于是旗袍日益流行，变得"近来上海女界旗袍盛行、闺秀勾栏，各竞其艳"。

女学生的"文明新装"

1924 年元旦,《申报》上一篇文章《妇女装饰别论》将当时上海妇女的着装分成了六派,分别是闺门、阀阅、写意、学生、欧化和别裁。其中"学生"这一派,同样是新潮服装的倡导者和实践者。

在 1898 年经元善创办了中国第一所女子学堂"经正女学"之后,女子校服的问题就引起了关注。1906 年晚清新政进入第二个阶段,慈禧通谕全国兴办女学,《大公报》借此风潮不是在建议如何办学,而是发表《中国女学生服制议》,将女学生的装束问题当作女学兴盛与否的关键进行讨论:"夫国家之强,必以兴女学为要领,而女学之盛,则以改服制为嚆矢,若然则女学生服制之议,固今日谋国者之主要问题也。"女学生穿什么就决定着国家能否强盛? 中国人以服制为立国之本的传统观念,在此时以近乎荒谬的论调表现出来。

据不完全统计,截至 1909 年,中国已有各式女子学堂 308 所,女学生 14054 人,这还不包括为数众多的教会女校及其女学生(陈翊林《最近三十年中国教育史》)。这些女学生们的服装讲求整洁、大方,在五四新文化运动以后,她们的装扮为社会各界关注和效仿,影响力一度达到顶峰,被称为代表新时代的"文明新装"。

初期女学生的学生装学自日本,短袄搭配黑色长裙,喜欢在发髻上戴蝴蝶花,常配以围巾,在国内受日本影响的新派人物中很受欢迎。旧派人物则对其不以为然,认为新发式徒有其表,脖子里挂一根白围巾的习俗又好像自缢的杨贵妃还魂,还作诗讽刺:"两肩一幅白绫拖,体态何人像最多? 摇曳风前来缓缓,太真返自马嵬坡。"(《申报》1912 年 3 月 30 日登谷夫《咏沪上女界新装束四记》)

▲ 1916 年林徽因（右一）与表姐妹们的合影，四人均身穿北京培华女子中学的校服

▲ 民国初年的彩色广告画。画中穿裤装的女学生搭配新传入中国的网球运动（早期网球拍为木制），表现出女学生的时髦着装风格和生活方式

因为女学生要做操，在学校就要穿裤装，这在保守人士看来又很不顺眼，因为此前只有妓女才穿裤，良家女子都该穿裙的。可女学生们也不管这一套，不仅操课时穿裤装，有些人索性就把裤装当作便服，整日穿着上课，甚至从学校外出也不换穿裙子，引得教育厅发文训诫，说女学生"举止佻达，长袜猩红，裤不掩胫（小腿）"，实在没有个自重的样子，要求她们"自中等学校以上着裙"，以正风气。

民国初年随着上海开放女学之风日盛，女学生也成为社会各界注视的焦点。十里洋场追求时髦是当时上海人的普遍心态，清纯女学生的形象一下子就火了起来。在当时，"女学生"是一个戴着荣耀光环并隐含着一些革命意味的名称，"时髦"一词远不足以形容女学生这一群新潮人物出现时所显现的光彩和魅力，因而女学生的着装一度成为社会时尚的引领者。女学生装虽然承袭上衣下裙的传统模式，但是上衣逐渐缩短与腰齐，袖短露肘或呈喇叭形露出手腕，裙子逐渐上缩，裤子也缩短露出小腿，将身体曲线都展现出来。上衣的下摆不再有开衩，而处理为半圆弧形，既给下身的活动预留了空间，又省去了开衩包边的烦琐。女学生的衣衫都比较朴素，较少用簪钗、手镯、耳环、戒指等饰物，显出清新脱俗的样子。

20世纪初，上海的女学生装中出现了新式的旗袍。新式旗袍首先以长马甲形式出现，马甲长及足背，女子将它穿在"倒大袖"（肩处窄、袖口宽的倒喇叭形袖子）的褂袄外面代替长裙，称之为"旗袍马甲"。当时社会上正在讨论女子服装应当如何改良，1921年《妇女杂志》曾有一篇文章写道："我国女子的衣服，向来是重直线的形体，不像西洋女子的衣服，是重曲体形的。所以我国的衣服，折叠时很整齐，一到穿在身上，大的前拖后荡，不能保持温度，小的束缚太紧，阻碍血液流行，都不合于卫生原理。现在要研

五洲固本肥皂 五洲國產經理處 青島馬玉春號

▲ 民国初年的一幅肥皂广告，画面中彩绘了两位时髦女性。右边一位穿着褂袄和长裙，并搭配了一件短装大襟马甲；左边一位穿着「旗袍马甲」，马甲长至脚踝，露出内搭的褂袄衣袖。两人的衣袖样式都是民国初年最流行的「倒大袖」

究改良的法子，须从上述诸点上着想，因此就得三个要项：注重曲线形，不必求折叠时便利。不要太宽大，恐怕不能保持温度。不要太紧小，恐阻血液的流行和身体的发育。"旗袍马甲的出现正好满足了女子服装的种种诉求，迅速风靡全国。

稍后，对服装不断求新求变的上海女性又将长马甲与里面的褂袄合二为一，省去上身重叠的部分，改成有袖的式样。衣身宽松，线条平直，仍是倒大袖，下摆至脚踝或小腿处，在领口、袖口、衣襟、下摆等部位镶滚一两道花边作为装饰。与清末的旗装相比，去除了烦琐的装饰，降低了衣领，缩短了袍身，改变了袖形，面料变得轻薄，费时费工的绣花也改成了印花。后来旗袍的样式变化还要满足女学生的要求，校园旗袍比社会上女性穿着的裙摆更要提高一寸，袖子更要剪裁合体，以便女学生们跑跳自如。旗袍进入了校园，成为女学生们喜爱的装束，为这种来源于民族、重兴于世俗的女袍增添了青春感和高贵感。经过这些变化，改良旗袍变得精巧又便于日常穿着，已经为大规模的流行做好了准备。

顶着"文明"的标签，新派人物纷纷对女学生装趋之若鹜，上海各界女性视之为时尚纷纷仿效。随着穿着旗袍的女性越来越多，旗袍阵营中也区分出派别来，大致有公馆太太派、女学生职业女性派、舞女明星派三大群体。同穿旗袍，各群体之间却泾渭分明，半点也不能含糊。前两派终归受到身份限制，不能过于招摇。"教会女中的学生平时一身布旗袍校服，唯有周末回家才可稍作些打扮。她们不会穿紧绷着身体、线条毕露的旗袍，那是交际花和舞女明星的装束。"（程乃珊《上海百年旗袍》）

追时尚之潮——旗袍的时尚演进之路

当旗袍经过了青楼与女学堂里的改良和传播，大规模地回到社会公众的视野中时，已经形成了颇具声势的时尚潮流。当时的流行刊物《良友》画报总结道："中国旧式女子所穿的短袄长裙，北伐前一年（1925）便起了革命，最初是以旗袍马甲的形式出现的，短袄依旧，长马甲替代了原有的围裙。……长马甲到十五年（1926）把短袄和马甲合并，就成为风行至今的旗袍了。"

从传统旗装中新生的旗袍流行起来，新时尚自然就激发出不同的社会声音。有人喜欢旗袍的线条，周瘦鹃（1895—1968）便认为："妇女的装饰实在以旗袍为最好看，无论身材长短，穿了旗袍，便觉得大方而袅娜并且多了一些男子的英爽之气。"也有人讽刺旗袍源自清代的旗人旗装，清朝亡了却又流行"旗"袍实在不成体统，应当将其改名为"中华袍"（《袍而不旗》，《民国日报》1926年2月27日）。大军阀孙传芳甚至扬言要取缔旗袍。但是这些关于名称和民族归属的争论都没能阻挡旗袍在20世纪20年代中期以后，在上海乃至全国范围内流行起来。

就以孙传芳本人为例，他时任浙、闽、苏、皖、赣五省军政最高领导，公开发表反对女子穿着旗袍的言论，可是他有位受宠的姨太太周佩馨，学美术出身，偏偏对旗袍情有独钟，公然穿着旗袍去杭州灵隐寺烧香，根本不给孙传芳留面子。对此，孙传芳除了感叹"内人难驯，实无良策"之外也毫无办法，所谓的取缔，就更不可能执行了。

我们今天谈起旗袍，脑海里总会有一个大致的轮廓，好像旗袍就应该是那个样子的。可实际上在旗袍被普遍穿着的那些年中，经历的变化之多，绝不逊于一部时尚大片。

20世纪20至30年代，上海滩的旗袍形成了一个产业，从中外衣料、丝袜配饰、各派裁缝、百货公司到广告、明星，无不围绕着旗袍款式的潮流而骚动着。近代上海与外来文化交流密切，此时的国内面料市场上，可供旗袍选用的面料种类除了丝、纱、绸、缎、棉等中国传统面料之外，还有从欧美等国进口的各种新式纺织品，如乔其纱、金丝绒、塔夫绸、尼龙绸等。这些进口面料质地柔软、富有弹性，并且价格相对低廉，为都市女性制作旗袍提供了更多的选择。在进口面料风靡中国市场的过程中，西式印花布逐步取代了厚重的织锦面料，印花工艺逐步代替了耗工耗时的刺绣工艺，节省了制衣时间和成本，使得旗袍这种女性时装有了成为"快消品"的可能。

当时穿旗袍的太太们，特别是经常在外面周旋的交际人物，几乎每周都要做旗袍新款，一位陆太太后来回忆道："这个礼拜今天王家请客，再就是沈家请客，如果总是老一套（旗袍），别人就会说怎么这么寒酸，衣服都没有。所以当时一定是要这个样子的，这就是当年的风俗，大家要交际，没办法。那时候总是拿旗袍翻花头（做新样子），常常要换得，一直穿要穿厌掉的。人家请吃饭什么的，我总是最晚到，我的先生一直说我，你总让人家等。我喜欢磨蹭呀？穿衣服么，床上放了很多，穿这件不对，穿那件也不对……"（蒋为民《时髦外婆：追寻老上海的时尚生活》）1929年，成都的一首流行诗写道："汉族衣裙一起抛，金闺都喜衣旗袍。阿侬出众无他巧，花样翻新好社交。"所指也是同样一种需求。

▶ 老上海广告画所绘客厅里太太们的社交场面。听戏、逛街、打麻将，太太们总在穿着上互相较着劲"别苗头"，一身新款旗袍谁也不想被女伴比下去

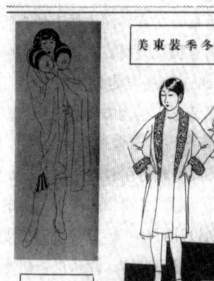

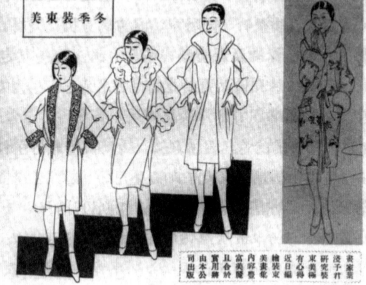

Winter Fashions: drawings by Yeh Tsing Yu

▲ 叶浅予为《良友》杂志 1928 年第 32 期绘制的《冬季装束美》。同时页面上还在为叶浅予即将出版的
服装画集打广告，称画集内容"丰富美丽，且合于实用，将由本公司出版"

　　要如此频繁地翻新旗袍样式，灵感又来自于哪里呢？电影明星、舞女、
交际花的示范效应固然是一种途径，还有许多新式花样其实来自各大杂志登
载的时装绘画。当年的时装"成衣"营销模式与今天的不同，不是由时装公
司先设计制作出样衣，再请模特拍照登载到时装杂志上，而是往往先将设计
图样刊登在杂志上，等有读者看中了上门订购才会制成服装。这种类似广告

的时装绘画自 20 年代开始流行。当时上海滩上几乎人手一册的《玲珑》杂志邀请大画家叶浅予作画；天津的《北洋画报》邀请李珊菲作画，读者反应强烈，有人给编辑寄感谢信，说身为女性要在服装上赶时髦，但自己绞尽脑汁也想不出新花样的时候，就只能看着别人的新衣暗暗羡慕，幸亏有杂志上提供的这些新装样子，可以照着裁制，省却了多少烦恼，简直是"交际社会之明灯"，请一定要继续刊登下去，不要停啊！

在旗袍款式的各种变化中，短与长的反复拉锯，是最突出的了。如作家曹聚仁（1900—1972）所说："一部旗袍史，离不开长了短，短了长，长了又短，这张伸缩表也和交易所的统计图相去不远。怎样才算时髦呢？连美术家也要搔首问天，不知所答的。"其次就是旗袍的领与袖，也在长短互动变化中表现出十足的活力。从 20 年代后期至整个 30 年代，围绕着各种思想潮流、审美观点的此消彼长，旗袍在长短、宽窄、开衩高低以及领子高低、袖子长短等方面展开着"较量"。

上海滩旗袍的"编年史"

在 1915 年前后，女装是流行曳地长裙的。至 1919 年，随着五四运动的到来，青年女性受到西洋女性流行短装的影响，刚出现的马甲旗袍的长度也上升到膝盖以下的小腿位置，比五年前短了七八寸，而且袖口缩小、下摆很宽，与男子的长衫非常相似。

民国初年的衣服沿袭了清末的风尚，盛行高领，审美认为越高越美，以至于领高到四五寸。当时人揶揄地说，仿佛本应用在袖子上的布料，都被移到脖子上去了。五四新文化运动以后，随着西学的传播，一般女性也开始知道高领会妨碍颈部运动的道理："所以那时她们的思想很积极，不论高低领，一概取消，很慷慨地提倡穿没领衣服了。那时女学生们得到这个消息，就立刻赶着把她们的衣领除去，而且还在报纸上刊物上发表很多废领运动的文章，鼓吹得风云皆变。"（少金《近代妇女的流行病》，1920 年）

随着五四运动的风潮过去，1921 年旗袍又开始恢复有领了。不过经过废领运动，领子的高度降为只有四五分，还是保留了一点运动成果的。报纸上还有人写文章对之前的无领衫的美观性大加抨击，认为妇女们仿效西方女性穿无领，可西方女性是白种人，颈部雪白肌肤露出来自然美观，中国人是黄种人，颈部肤色并不适宜如此外露，如果脖颈再长一点，看起来就像鹭鸶、仙鹤之类的鸟一样难看。

20 世纪 20 年代初期的几年里，是旗袍逐渐开始流行的日子。至 1927 年，国民政府在南京成立，"女子的旗袍，跟了政治上的改革而发生大变，当时女子虽想提高旗袍的高度，但是先用蝴蝶褶的衣边和袖边来掩饰她们的真意"（《旗袍的旋律》，1940 年）。

1928 年，革命成功，全国统一，在社会一片欣欣向荣的气氛中，旗袍的下摆被稍稍提高了，高度适中，即使开衩比较低也易于行走，不会局限了步幅。报章评论说："这种新改变的旗袍，穿起来可说时髦极了！美丽极了！可是一双肥满而圆润的大腿，暴露在冷冽的天气之中，仅裹着一层薄薄的丝袜，便能抵御寒气的侵袭么？"（叶家弗《女子的服装》，1928 年）

民国以后流行的"倒大袖"，因为袖口极宽，手臂活动起来就衣袖飘飘如仙，露出一大截的玉腕来。此时旗袍的袖子收窄了一些，对手臂的包裹倒是更加紧实了。

在 1912 年所定的《北洋服制案》中，女子礼服的法定款式是"裙褂"，即上褂下裙。到了 1929 年，国民政府颁布新的《服制条例》，女子礼服的

▲ 20世纪20年代早期（左上）、中期（右上）与晚期（下）的旗袍样式

形式第一次出现了右衽大襟的"袍"类服饰，由单独的裙褂变成了袄裙和袍两种形式兼而有之。虽然法令中没有出现"旗袍"的名称，但服制中的甲种女子礼服就是旗袍的样子："齐领，前襟右掩，长至膝与踝之中点，与裤下端齐，袖长过肘与手脉之中点，质用丝麻棉毛织品，色蓝，纽扣六。"此版服制奠定了旗袍在民国女子服装中的地位。

1929 年，旗袍的下摆继续升高，几近膝盖，袖口也随之缩小、变短。刚刚颁布的《服制条例》里明确规定了女子礼服，即旗袍的袖长要"过肘与手脉之中点"，可实际上国民根本不理睬这一套。1929 年上海流行的旗袍款式衣袖很短，只到臂弯为止。

徐国桢讲 1929 年上海流行的旗袍款式："曲线的显明，自然已成应有条件之一，穿上了真是紧紧地裹在身上。走在路上，凡是胸部臀部腰部腿部，都可从衣服外面很清楚地一一加以辨别，不必出之意会了。领高而硬，似乎一个竹管套在颈之四周，衣袖很短，不过到臂弯为止，袖口也不甚大。长度只到腿弯，两条玉胫上，套着一双长筒丝袜，再加上一双高跟皮鞋，走起路来，'吉个吉个'的益显婀娜。"（《上海生活》，1930 年）

1930 年，为适合女学生的要求，旗袍下摆又提高了一寸，甚至缩短到膝盖以上。无论冬夏，膝盖以下都是一双粉红丝袜。腰身逐渐收小，整体造型紧窄合体，腰部出现了比较明显的曲线。袖子也仿照西式而趋短，这

▶《最近上海舞女装束一斑》，《上海漫画》1928 年第 42 期配文中说："以前一对大袖管，从创造到风行，从风行到消瘦，从消瘦到改样，最少也得经过若干年月……目下的时代，那真是不同了。我们从这十几位姑娘们的身上看一看，她们的袖管，差不多人人都不同样，我们简直认不清哪一个式样是代表这时代的。不过裸出小腿的短袍式无论如何总得认为是这时代的典型……这里共有十九种不同的舞女装束，但大半都可以在平时着的，很足代表最近上海妇女服装的大概。"

最近上海舞女裝束一斑（續）

中國婦女之服裝，近年來迅速的進步，大有一日千里之勢。譬如以前一對大禮管，燙飾造到風行；從風行到消滅，從消滅到改造，最少也將經過若干年月。而且不論是老少少大大小小祇要是女性總得在那大禮管的圈子裏不問在夏秋冬都得兜上一轉，這是照例的事情，即使是比大禮管前一葉的摺長補管也自成了一個時代的時代。我們從這十幾位姑娘們的身上看一看，她們的補管，差不多人人都不同樣。我們祇看目下的時代，就算算不同了。我們從這十幾位姑娘們的身上看，她們的短袍式樣是代表這時代的典型，你們在平時看見在馬路上搖擺着的牛禮綢（即是很實放大的買稀）也少上一件短旗袍，脚上一弓罐花的洗淺柱，比原來的輕褒大出一半，短袍邊照現出那種搭摺不定的菩態，使人行了代馳担心事，短旗袍的時代完竟給還所女太太吃了一點小苦，但在別一方面，短袍式確實買得這新時代圖子，什麽女性苗潔的身村，若是在幾年前一定全都是此，衣姿架出光彩；這十幾俊姑娘，駒媚的姿態，祇是文人的想像罷了。然而現在是好買了，這幾是最大的貢獻。這裏共有十九種不同的舞女裝束，但大牛都可以在平時着的，很足代表最近上海婦女服裝的大概。

▲ 20世纪30年代初广告画中的年轻女性，所穿改良旗袍因为短至膝盖上下，将腿部大大方方地展示在观者眼前，看起来几乎没有印象中「旗袍」的样子了。在她的身上集齐了当时各种时髦元素：短旗袍、高开衩、袖口亦开衩、胸花、烫发、齐刘海、丝袜、高跟鞋

样可以跑跳自如，象征了当时被解放的新女性。当时欧美正是爵士时代，女子衣裙以史无前例的短为时尚，其诱惑力之大被人称作是"魔鬼的杰作"。对于这种时尚潮流，张恨水在《天上人间》中有一段描述反映了它对当时中国女装的影响："近代的舞蹈，第一条件，就是要露出两只腿，腿愈露得多，愈是时髦；第二条件，便是露着手臂与胸脯，自然也是愈露得多愈好……她们都是欧化的装束，在可能的范围内，尽量地露出肉体来……这位董小姐，身上穿了米色薄绸的西式背心，胸前双峰微凸，两只光胳臂，连两肋都露在外面。"

30 年代以后女性穿旗袍不穿袜子的风潮渐渐流行起来。在丝袜流行以前，女性穿高开衩的旗袍，里面会套穿很长、很鲜艳绸料的大脚管裤子，有的裤脚管上还缀着漂亮的花边。自从上海妇女开始流行旗袍内不穿裤子开始，各种色彩的女袜承担起了包裹腿部的职责。30 年代以前，时尚杂志不断发出各种关于丝袜的流行信息："身上穿有华美的衣物，但如果你的丝袜的线条从后方望过去是弯而不整齐的，或是脚跟处补有一个破洞的，老实说，没有比她再可怜的了。""去年丝袜的流行色是咖啡色，丝绸的袜子是被一部分的女子爱用过的。"显然，上海市政府在不穿袜风潮之始就注意到了这个问题，率先在 1930 年发布禁令："上海市公安局、社会局昨日会衔发帖布告云，为会衔布告事，查人民服饰与社会风化关系至巨，前经内政部拟定服制条例，呈奉国民政府公布实施，对于奇装异服，并经通令查禁在案。近查市内发现少数妇女，衣裳华丽，不袜而履或短袜露腿……除由本公安局通令各区所，从严查禁外，合行会衔布告通知，仰本市各妇女，一体知悉，毋得故违禁令，故干惩处，切切，此布！"但是上海的女学生们并不买账，"索性把袜子去了，不但露腿，而且露出'香钩'，不但露出雪白粉嫩的大腿，而且在大腿上，画了图案的花纹"。1931 年以后，不穿袜子的姑娘在上海日渐多了起来，到 1933 年，天津街头的女子也多不穿袜子，天津媒体报道："日来天气甚暖，摩登女郎徘徊街头，招摇过市者，大有人在。最摩登者……只穿极薄丝绸夹旗袍，微风过处，衣衩缝里，可窥见玉腿莹然，已多不穿丝袜者矣。"不穿袜子的风潮已然引起了全社会的关注："近来又盛行女子裸腿赤足，伊们的理由是：凉快舒适，还可以省一双袜，似乎又在经济方面打算了。哪知有些女子，在腿上擦了又白又香的巴黎香粉，在足趾上涂以鲜艳的玫瑰色蔻丹，这价值又比一双袜贵得多了，显然有要与提倡的目的，渐渐背道而驰，这是谁料得到呢？"

▲ 高开衩的旗袍曾经以衬裤为内搭。三幅图分别登载于 1931 年至 1932 年的《玲珑》杂志上，女子在旗袍下都穿衬裤，旗袍的开衩虽高，但并不会裸露出肌肤来。第三幅图中旗袍无领，领圈袖口、下摆甚至衬裤的裤腿都是波浪形镶边，借鉴了欧洲的时髦样式

▲ 20世纪30年代香烟广告画上穿"扫地旗
　袍"的女子

　　1930年以后，旗袍的下摆长度又降了下来，至1934年达到长度的顶峰，被形象地称为"扫地旗袍"。1934年陈玉梅女士出席"全国电影界谈话会"的时候，在中山陵前的留影就是旗袍下摆扫到地面，大概是当时电影界女士最时尚的旗袍款式了。至此，旗袍的长度发展到了极致，又很修身，必须要与高开衩和高跟鞋配合穿着，才能解决迈步难的现实问题。民国时的设计师有时就将旗袍开衩称为"开胯"，倒是很形象地点明了开衩的实际用途，拖地的旗袍没有高衩真是迈不开胯的。

　　从1933年开始，旗袍由低衩或者无衩变为高衩，从此高开衩也成了现代旗袍的标志之一。长旗袍的潮流或许还与高跟鞋的流行有关，当年流行鞋跟愈高愈妙，旗袍下摆加长，裙衩开得更高，直至臀线以下，从开衩处隐约露出穿高跟鞋的足踝和紧裹小腿的丝袜，是一种充满诱惑力的女性之美。

　　1932年旗袍花边大兴，上海的时髦女性甚至在整件旗袍的四周都滚上一圈花边，这是当时最时髦的款式。

　　30年代还开始流行一种"阴丹士林"蓝布旗袍。所谓阴丹士林，是由西方传入的化学

合成染料"Indanthrene"的音译。与中国传统使用的矿物、植物染料相比，以阴丹士林染色的织物颜色纯度更高，非常鲜亮。阴丹士林是民国时期最著名的化学染料，能染棉、毛、丝等多种纤维和织物，颜色种类丰富，用来做旗袍效果非常好，其中以蓝色最为常见和经典，因而被称为阴丹士林蓝。今天在江宁织造博物馆的"中国旗袍馆"内还展示有一张民国时的月份牌广告画，名为《快乐小姐》，画面中写道："她为什么快乐？因为她穿的阴丹士林色布颜色最为鲜艳，炎日曝晒不褪色，经久皂洗不褪色，不致枉费金钱。"因为1929年服制规定男子长袍、女子礼服均用蓝色，阴丹士林染色的蓝色料子色彩艳丽，又价格便宜，很受社会各界人士欢迎。

1934 年，流行的旗袍样式袖子既短且宽，玉臂得以充分展现。一首《夏日时装妇女五言吟》记曰："衣袖高齐肘，飘飘七寸宽。偶然伸玉臂，两腋任郎看。"

自 1934 年开始，蒋介石可能对社会上的各种无视服制的着装风气实在看不下去了，提出要将"礼义廉耻"结合到日常的"衣食住行"之中去，推出了"新生活"国民教育运动。其中对旗袍的要求是，既要防止过长，至脚背上方一两寸最好，更要防止过短，短旗袍是奇装异服，有伤风化。所以中等偏长的旗袍盛行了好几年。对领部的约束更加严格，无领是万万不可以的，又开始流行高且紧的衣领。当时人讲："现在时兴之领，每次扣上，粉颈立起红痕，实可有上吊未遂之误会；而谈必低声，后顾必赖向后转，仰视必赖突肚，俯视必赖弯腰，左右顾必赖瞟眼斜视……"描述也许略有夸张，但领部紧到勒住脖子、无法转头，实在不是让穿着者喜欢的

▲ 20 世纪 30 年代电影明星胡蝶，穿着无袖旗袍，款式虽然简洁，颈间所配项链则精美华丽

设计。到 30 年代中后期，旗袍虽然还有立领，但是可以放低一些，不至于让脖颈无法转动了。至于自 1920 年就开始的旗袍废领运动，一直有人在提，可是却又一直废不掉。当时的女性似乎也觉得没有衣领，旗袍就不像是旗袍该有的样子了。

新生活运动对衣袖长度也提出了明确的规定，爱穿短袖的女性就另想出对策，将符合规定的长袖卷起来穿。《北洋画报》1935 年登载的一篇文章《卷袖时装》写到新生活运动禁止旗袍缩短袖子："短袖女性在公众场所，受窘者甚多，故北平女生现作旗袍时，袖口皆作长过肘。但平日则将其高卷二三折，仍将肘露出，至受干涉时始放下，令干涉者无话可说。现裁缝已懂此妙诀，而专作此种袖口之衣服矣。"

物极必反，1935 年旗袍扫地，到了 1937 年，下摆又与袖长一起缩短，旗袍开衩也降到膝盖。袖子先是回缩到肩下两三寸的位置，到 1938 年干脆变成马甲一样的无袖，时人称"这可以说是回到了 1925 年时旗袍马甲的旧境"。

30 年代末开始，旗袍长度的缩短与抗战局势带来的物资紧缺有关，或许还有战局带来的女性心态上的变化。碧遥在《短旗袍》一文中写道："今年（旗袍）短了，短到了小腿的当中。人们也许认为这是节约省布的表现，然而未必尽然。这是抗战时期的妇女，在生活上不再适用那种拖地的长袍，而在意识中也不再爱好那种婀娜窈窕、斯文闲雅。"至于这种不长不短的无袖旗袍，"光光的玉臂，则象征了近代女子的健康美"（《上海妇女》1941 年第 12 期）。

20 世纪 40 年代初，由于抗日时局日益紧张，经济萧条、物资匮乏使得旗袍的款式设计整体都在做减法。这与世界大战背景下的国际流行趋势也是同步的。女性从经济和方便活动的角度考虑，缩短了旗袍的下摆，长度在小腿中部和膝盖之间。在夏季，袖长仅至肩下两三寸，或者干脆变成无袖。使用低领，或可以拆卸的衬领，也减少了许多华丽的装饰，整体风格趋向简洁。同时还在造型上继续吸收西化的元素，金属子母扣与拉链代替中式传统的盘扣，成为旗袍主要的固定方式。

▲《旗袍的旋律》，《良友》1940 年第 150 期。专页图文详尽描绘了 1925 年至 1939 年间旗袍随时代潮流更迭发生的款式变化。最上面是一条黑色的波动曲线，描绘出旗袍下摆高高低低的变化

▲ 从左至右依次为 20 世纪 30 年代初期、末期及 30 年代末至 40 年代初的旗袍样式

▶ 20世纪40年代广告宣传画中穿旗袍的女子。据说画家是以宋美龄为原型创作的，旗袍的开衩降低了，袖子也不见了为了适应战争生活的需要，妇女界开始呼吁妇女服饰要响应时代的召唤，放弃华美的旗袍，改着与男子相同的衣裤，若还要穿旗袍，就把它剪短。因此旗袍变得朴素实用，报纸和杂志上也没有旗袍流行款式发布了。1939 年 9 月《妇女生活》杂志登出一篇文章《剪短你的旗袍吧》，呼吁特殊时期的妇女服饰要适时做出应对，既可以更好地投入到抗日救国运动中，也能便于行动、更好地保护自己。

1942 年颁布的新《国民服制条例》，较好地体现了当局在服装问题上对民意的支持。条例规定"女子常服与礼服都仿如旗袍的改装"（《国民政府公报》1942 年），旗袍真正成为了中国女子的国服。1943 年 2 月宋美龄赴美国寻求抗战支持，全程皆穿旗袍，特别是至美国国会发表著名讲演时，身穿一袭黑色缎面旗袍的端庄形象登上了美国各大杂志，将中国女性的旗袍形象强势地展现在欧美社会面前，也引得欧美时尚界一阵喧嚣。旗袍在英语中被译为"Chinese Dress"，说明旗袍是全世界人们所熟知的中国女性服装的标志，并在此后给予了西方服装设计师源源不断的创作灵感。

20 世纪 50 年代以后，旗袍在大陆渐渐淡出日常生活。据地下党员陈修良回忆，解放南京时，她和南京地下党的干部们来不及换装，还穿着旗袍、皮鞋、西装，就迎来了入城的解放军。于是在解放军官兵中，流传着这样一个编派她们这些城市女性的顺口溜："头发是火烧的，胳膊是摸鱼的，腿是过河的，鞋是跌人的。"调侃的就是烫发、短袖旗袍、小腿外露和高跟鞋。这预示着在新时代里，新的服饰风潮马上就要兴起了。

旗袍的"现代化"演进

　　前文曾经比较过，20 世纪 20 年代的旗袍样式与清代的氅衣并无明显区别。但是至 30 年代中后期，旗袍的款式继续发生变化，民国旗袍与清代旗装的样式风格差异变得明显起来，最终形成了属于旗袍自己的特有风格。

　　清代旗女之袍，胸围窄而下摆宽，呈"A"字形，是一种宽大直板的平面化造型式样。中国女性有束胸的传统，所以女服的胸围尺寸不会放量，至腰线处也不会收窄，恪守内敛、蔽体的观念。就如张爱玲在《更衣记》中所说："人属次要，单只注重诗意的线条，于是女人的体格公式化，不脱衣服，不知道她与她有什么不同。"对女服的装饰也是平面的，即便满身镶嵌滚绣，也如同是在平铺的画纸上挥毫作画一样，负责织绣的能工巧匠以针为笔、以线为色，将图案尽可能表现得精美绝伦，却完全没有立体的、动态的审美考量。据说清末时，慈禧太后就常把自己钟爱的旗袍挂起来观看，仿佛欣赏一幅绝美的绣品一样。

　　在剪裁制作上，中国传统袍服一直延续着一种"十字形平面结构"的剪裁方式，以前后身中心线为中心轴，以肩袖线为水平轴，前身、后背两片衣料相连而不裁开，衣袖也是与衣身整幅相连，总之尽可能地保持衣料的完整

▲ 清中期朱红纱地缂丝八团
花纹女袍，为妃嫔在吉庆
时穿用，是道光年间女常
服袍的典型式样

▲ 清中晚期橘黄缂丝织牵牛
花纹氅衣，为女便服

性，体现了制衣者和穿衣者们珍惜物料的"格物"精神和追求完整性的"自然"观念。

至民国以后旗袍兴起，初期还是袍身上下呈直线形的样式，从20年代末、30年代初开始，"天乳运动"使得胸围处渐渐凸显出来，腰身处也日积月累地收缩，到1934年后，女性身材的曼妙曲线终于在旗袍下全部显露出来，旗袍的轮廓造型演进为肩、臀宽而腰部细的"X"形。

不过此时旗袍的裁制仍然是整幅的，主要的变化是将传统的直线侧缝、无轮廓曲线，改成了曲线侧缝，轮廓曲线自然显露出来。但是整体的裁剪结构还是中国传统的"十字形平面结构"。所以在30年代还有人以整幅布料

▲左：20世纪30年代哈德门香烟广告画。右：30年代电影明星胡蝶照片。"X"形轮廓线条的旗袍，将女性的身材曲线展露无遗

幅宽的限制，来解释当时女子旗袍的袖子为什么越来越短，说是因为要节省衣料："在下常研究长旗袍短袖的理由，据说现在流行的印度绸之类，门面不过市尺一尺四寸，所以身段较小的妇女们，刚刚可以裁制长旗袍一袭，如果要袖管较长，就限于尺寸，非买双幅不可；在这大家不景气的时代，还是省省罢！"（《奇装异服的影响》，1935 年）

　　30 年代后期，旗袍的造型结构进一步向西式剪裁方式演进。西方服装的基本造型从公元 13 世纪起，逐步确

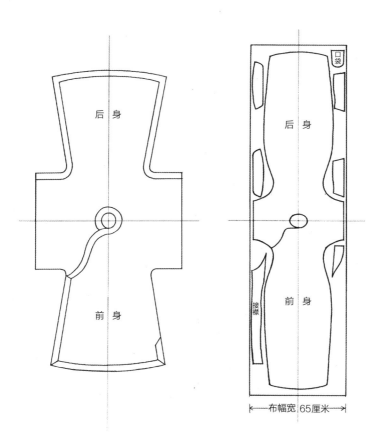

布幅宽 65 厘米

▲ 左：中国传统袄袍的十字整衣型平面结构。右：20世纪20年代末30年代初旗袍的排料示意图，仍是前后片不断缝、身袖不断缝

立为三维立体的裁剪方法，将衣片按照人体结构分开剪裁再重新缝合，整体服装的裁剪与制作注重立体造型效果。包铭新在《中国旗袍》一书中写道："到了30年代末，又出现了一种'改良旗袍'。所谓'改良'，就是将旧有不合理的结构改掉，使袍身更为适体和实用。改良旗袍从裁法到结构都更加西化，采用了胸省和腰省，打破了旗袍无省的格局。同时第一次出现肩缝和装袖，使肩部和腋下都变得合体了。"这些改变使旗袍彻底摆脱了"旗女之袍"古典时代传承下来的旧有形式，奠定了现代旗袍作为一种现代服装的结构特征，使旗袍的制作又进入了一个新阶段。

"肩缝"是将旗袍的前后衣片分别裁制，再自肩部缝合。"装袖"是将衣身和袖子作为两个部分分别裁制，在设计好衣身结构的前提下，呈现出立体的袖笼状态，再与衣身缝制在一起。装袖款式令女性的肩形更挺括，甚至西式的垫肩也被引进到旗袍上来，谓之"美人肩"。时髦女子的"美人肩"取代了传统中式的"削肩"，服装肩部的造型从平面转向立体，连带着对女性身材的审美观念也发生了变化。

所谓"省"，就是指平面的衣料包裹凹凸立体的身体时产生的多余的量，这种余量通常出现在胸部、腰部和肩部。肩部的余量已经可以通过肩缝和装袖处理了，那么在胸部和腰部，由于身体曲线变化产生的衣料的冗余，在西方的立体裁剪方法中就是通过"胸省"和"腰省"来处理的。通过胸省和腰省的处理，塑造与强化了女性胸、腰、臀三围曲线的性别特征，彰显曲线美。时至今日，旗袍都仍是按照这样的裁剪方式设计、制作的。

上世纪四五十年代以后，旗袍的制作吸取了很多的西式元素，除了肩缝、装袖、胸省、腰省之外，还有拉链、金属子母扣（按扣）等西式服装辅料。不过旗袍也没有全盘西化，还是保留了主要的中国传统服装造型元素，例如立领、开衩、大襟、盘扣等。特别是向右开襟的方式，中式服装"右衽"的习惯正好与西式女装的"左衽"习惯相反，在这一点上，旗袍仍然保持着自己的中式特点。

另外，旗袍的开衩、立领也都具有鲜明的中华民族传统特色，开衩表现出的"开"与立领围裹颈部表现出的"闭"形成一种对立统一。当旗袍的穿着者静态站立时，开衩是闭合的，修长的腿被下摆掩藏，隐而不露；当穿着者开始走动，伴随着步子的节奏，腿在开衩的开合律动中忽隐忽现。隐与露的互相交替，形成了含蓄的、东方式的美。这种含蓄往往能引发观者的想象，有时候比直白的袒露更加吸引人。

◀ 民国时月份牌所绘穿开衩旗袍的女子，开衩虽高，但姿态并不袒露，旗袍遮掩下的身材曲线自然流露出风情万种

▲ 民国月份牌中风姿绰约的身着旗袍的女子

尾声

　　中华人民共和国成立以后，在经济建设热火朝天的 50 年代，妇女们仍喜欢穿旗袍，特别是在一些礼仪场合。当时的陈毅外长和夫人张茜出访时，张茜同志穿上旗袍受到西欧的好评。参加世界青年联欢节的中国代表团的女团员穿上旗袍，在世界青年中产生了很大影响。正是在这种情况下，旗袍被称为"国服"。

　　50 年代以后，旗袍渐渐淡出日常生活，经过了二十多年的沉寂，直到 80 年代初，才再度出现在人们的生活当中。可是世界服装潮流已经时移世易，随着工作节奏的加快、生活方式的改变，紧裹身体的衣裙不再是女性服装的主流，宽松、休闲的服饰已成为新的着装风尚。因此旗袍的角色从日常便服变成了礼服，女性往往在一些正式场合、节日庆典上，才会选择穿着旗袍。最经常穿着旗袍的女性，不再是女学生、普通职业女性，而是女外交家、女文艺工作者们，她们有更多的场合和舞台穿着旗袍，向世界展示中国传统与民族服饰的魅力。

参考文献 & 延伸阅读

黄能福，陈娟娟，黄钢编 . 服饰中华：中华服饰七千年 [M]. 北京：清华大学出版社，2011.

黄能馥，乔巧玲 . 衣冠天下：中国服装图史 [M]. 北京：中华书局，2009.

黄能馥，陈娟娟 . 中华历代服饰艺术 [M]. 北京：中国旅游出版社，1999.

周锡保 . 中国古代服饰史 [M]. 北京：中国戏剧出版社，1984.

沈从文 . 中国古代服饰研究 [M]. 上海：上海书店出版社，1997.

贾玺增 . 中国服饰艺术史 [M]. 天津：天津人民美术出版社，2009.

上海市戏曲学校中国服装史研究组 . 中国历代服饰 [M]. 上海：学林出版社，1984.

赵连赏 . 中国古代服饰图典 [M]. 昆明：云南人民出版社，2007.

香港文化博物馆 . 中国历代妇女形象服饰 [M]. 香港：康乐及文化事务署，2002.

中国国家博物馆 . 文物中国史 [M]. 北京：中华书局，2004.

【一个理想国的蓝图：中国古代天子冕服】

阎步克 . 服周之冕：《周礼》六冕礼制的兴衰变异 [M]. 北京：中华书局，2009.

崔圭顺 . 中国历代帝王冕服研究 [M]. 上海：东华大学出版社，2007.

李岩 . 周代服饰制度研究 [D]. 吉林：吉林大学，2010.

妥蕴馨 . "三礼"中的服饰文化研究 [D]. 兰州：西北民族大学，2016.

张雪玲 . 《礼记》服饰名物词研究 [D]. 重庆：重庆师范大学，2013.

李宜璟 . "十二章"服饰纹样的内涵探析及组织传播功能分析 [D]. 重庆：西南大学，2014.

尚民杰 . 冕服十二章溯源 [J]. 文博，1991（4）：57-62.

赵联赏 . 古代帝王冕服的文化隐义 [J]. 文史杂志，2014（1）：42-47.

米攸 . 万国衣冠拜冕旒，香烟欲傍衮龙浮：秦汉时代的服饰 [J]. 文史杂志，2014（1）：27-37.

邬文霞 . 敦煌石窟唐五代官员画像之服饰研究 [D]. 兰州：兰州大学，2010.

曹喆 . 以敦煌壁画为主要材料的唐代服饰史研究 [D]. 上海：东华大学，2008.

王雪莉 . 宋代服饰制度研究 [D]. 杭州：浙江大学，2006.

陈晓苏 . 明宫冠服仪仗图 [M]. 北京：北京燕山出版社，2015.

赵联赏 . 朱元璋对明代冕服制度的影响 [G]// 明太祖与凤阳：中国明史学会会议论文集 . 合肥：黄山书社，2009.

张志云 . 重塑皇权：洪武时期的冕制规划 [J]. 史学月刊，2008（7）：35-42.

逯杏花 . 明朝对李氏朝鲜的冠服给赐 [J]. 辽东学院学报：社会科学版，2010（5）：18-22.

魏佳儒，刘瑞璞 . 清末十二章龙袍"十字型"结构与纹章规制 [J]. 艺术探索，2015（3）：39-43.

【有凤来仪：凤冠霞帔】

高晓黎.中国凤鸟图案源流及其民俗性 [J]. 艺术教育，2009（1）：116-118.

田兆元.从龙凤的相斥相容看中国古代民族的冲突融合 [J]. 学术月刊，1993（4）：43-47.

吴艳荣.论凤凰的"性"变 [J]. 江汉论坛，2005（5）：93-97.

罗微.人类学视野的古代汉族凤冠符号象征意义 [J]. 青海民族研究，2006（1）：1-4.

胡秋萍.服饰凤纹研究及其在现代礼服设计中的应用 [D]. 无锡：江南大学，2010.

沈琍.中国有翼神兽渊源问题探讨 [J]. 美术史研究，2017（4）：59-67.

田丹.汉画像石中的凤鸟图像研究：以徐州地区汉画像石为例 [D]. 西安：陕西师范大学，2011.

中国敦煌壁画全集编辑委员会.中国敦煌壁画全集：晚唐 [M]. 天津：天津人民美术出版社，2001.

谭蝉雪.敦煌婚嫁诗词 [J]. 社科纵横，1994（4）：18-21.

卢秀文.敦煌妇女首饰步摇考 [J]. 敦煌研究，2015（2）：22-27.

赵苗.唐宋时期女性婚嫁服饰比较及其对当代时尚文化的影响 [D]. 武汉：武汉纺织大学，2014.

北京市昌平区十三陵特区办事处.定陵出土文物图典 [M]. 北京：北京出版社，2006.

中国社会科学院考古研究所.定陵掇英 [M]. 北京：文物出版社，1989.

徐文跃.明代的凤冠到底什么样 [J]. 紫禁城，2013（2）：62-85.

朱曼.论明代凤冠霞帔的定制与婚俗文化影响力 [J]. 美术教育研究，2013（9）：44-45.

苏士珍.明代凤冠装饰特点及其对现代首饰设计的启示 [D]. 北京：中国地质大学，2014.

曹丽芳.凤冠霞帔只为谁 [J]. 国学，2011（6）：46-48.

于长英.古代霞帔制度初探 [D]. 南昌：南昌大学，2007.

赵丰.大衫与霞帔 [J]. 文物，2005（2）：75-85.

于长英.明代藩王命妇霞帔坠子的探索 [J]. 南方文物，2008（1）：87-92.

施天放 . 清入关前后帝后服饰研究 [D]. 长春：长春师范学院，2011.

王金华 . 中国传统首饰：簪钗冠 [M]. 北京：中国纺织出版社，2013.

【祥禽瑞兽护官身：补服的历史】

罗祎波 . 汉唐时期礼仪服饰研究 [D]. 苏州：苏州大学，2011.

赵波 . 隋唐袍服研究 [J]. 服饰导刊，2015（3）：26-33.

阎步克 . 分等分类视角中的汉唐冠服体制变迁 [J]. 史学月刊，2008（2）：29-41.

李征松 . 唐诗中的瑞兽研究：以唐诗中常见的六大瑞兽为主要研究对象 [D]. 广州：暨南大学，2010.

王晶 . 武周时期百官章服的变化 [J]. 乾陵文化研究，2010：41-44.

李怡 . 唐代对明代官员常服影响考辨 [J]. 浙江纺织服装职业技术学院学报，2013（1）：54-58.

张国刚 . 唐代禁卫军考略 [J]. 南开学报，1999（6）：146-155.

许新国，赵丰 . 都兰出土丝织品初探 [J]. 中国历史博物馆馆刊，1991：63-81.

新疆维吾尔自治区博物馆 . 古代西域服饰集萃 [M]. 北京：文物出版社，2010.

刘安定 . 中国古代织物中的文字及其图案研究 [D]. 上海：东华大学，2015.

新疆维吾尔自治区博物馆 . 新疆出土文物 [M]. 北京：文物出版社，1975.

马承源，岳峰 . 新疆维吾尔自治区丝路考古珍品 [M]. 上海：上海译文出版社，1998.

河北省文物研究所 . 宣化辽墓壁画 [M]. 北京：文物出版社，2001.

车玲 . 以图像为主要材料的蒙元服饰研究 [D]. 上海：东华大学，2011.

赵丰 . 蒙元龙袍的类型及地位 [J]. 文物，2006（8）：85-96.

王渊 . 补子起源研究 [J]. 丝绸，2005（7）：49-51.

故宫博物院，山东博物馆，曲阜文物局 . 大羽华裳：明清服饰特展 [M]. 济南：齐鲁书社，2013.

杨奇军. 中国明代文官服饰研究 [D]. 济南：山东大学，2008.

撷芳主人. 龙蟒之争：明代服饰高等级纹样的使用与僭越 [J]. 艺术财经，2017（7）：168-
173.

吴琦，马俊. 野服躬耕：晚明乡宦的文化装扮与仕隐并存 [J]. 西南大学学报：社会科学版，
2014（1）：136-144.

马冬. 中国古代"燕居"服文化研究 [J]. 西安工程大学学报，2012（6）：723-726.

南京博物院. 明清人物肖像画选 [M]. 上海：上海人民美术出版社，1982.

杨新. 明清肖像画 [M]. 上海：上海科学技术出版社，2008.

庄天明. 明清肖像画 [M]. 天津：天津人民美术出版社，2003.

纳春英. 明赐服制初探：以播州宣慰司杨氏的赐服为例 [J]. 历史教学，2007（12）：20-24.

戴立强. 明代品官"补子"新探 [J]. 辽海文物学刊，1995（2）：70-77.

韩敏敏. 瑞兽祥禽画衣冠，黼黻灿烂文章鲜：山东博物馆藏明代服饰赏鉴 [J]. 收藏家，2012
（10）：31-36.

刘晓. 明清时期朝贡体系中的朝鲜服饰 [D]. 杭州：浙江大学，2013.

赵连赏. 明清官员的补服 [J]. 文史知识，2006（7）：67-75.

王渊. 明清文武官补子纹样的辨别 [J]. 丝绸，2013（8）：55-62.

陈正雄. 清代宫廷服饰 [M]. 上海：上海文艺出版社，2014.

朴文英. 清代服饰形成因素与成形理念探索 [J]. 辽宁省博物馆馆刊，2007：400-412.

范丽. 浅议清代的补服与补子 [J]. 沈阳故宫博物院院刊，2006（2）：105-113.

王渊. 清代补服纹样使用的违例现象与惩处 [J]. 上海工艺美术，2012（4）：100-102.

Beverley Jackson,David Hugus.Ladder to the Clouds: Intrigue and Tradition in
Chinese Rank[M].Berkeley:Ten Speed Press,1999.

【士女皆竞衣胡服：唐代女性服饰】

陈芳等. 粉黛罗绮：中国古代女子服饰时尚 [M]. 北京：生活·读书·新知三联书店，2015.

荣新江 . 隋唐长安：性别、记忆及其他 [M]. 上海：复旦大学出版社，2010.

余凉亘，周立 . 洛阳陶俑 [M]. 北京：北京图书馆出版社，2005.

陕西省考古研究所 . 陕西新出土唐墓壁画 [M]. 重庆：重庆出版社，1998.

运城市河东博物馆 . 盛唐风采：唐薛儆墓石椁线刻艺术 [M]. 北京：文物出版社，2014.

新疆维吾尔自治区博物馆 . 丝绸之路汉唐织物 [M]. 北京：文物出版社，1972.

樊英峰 . 丝路胡人外来风：唐代胡俑展 [M]. 北京：文物出版社，2008.

陕西省博物馆 . 唐李贤墓壁画 [M]. 北京：文物出版社，1974.

陕西省博物馆 . 唐李重润墓壁画 [M]. 北京：文物出版社，1974.

周天游 . 懿德太子墓壁画 [M]. 北京：文物出版社，2002.

周天游 . 章怀太子墓壁画 [M]. 北京：文物出版社，2002.

昭陵博物馆 . 昭陵唐墓壁画 [M]. 北京：文物出版社，2006.

中国历史博物馆，新疆维吾尔族自治区文物局 . 天山古道东西风：新疆丝绸之路文物特辑 [M].
北京：中国社会科学出版社，2002.

咸阳市文物考古研究所 . 五代冯晖墓 [M]. 重庆：重庆出版社，2001.

周天游 . 新城、房陵、永泰公主墓壁画 [M]. 北京：文物出版社，2002.

韩怡 . 从西安地区唐墓壁画看唐代女性服饰 [D]. 郑州：郑州大学，2015.

田小娟 . 武惠妃石椁线刻女性服饰与装束考 [J]. 文博，2013（3）：39-46.

纳春英 . 隋唐服饰研究：以平民日常服饰为中心的考察 [D]. 西安：陕西师范大学，2014.

纳春英 . 唐代妇女的出行装及其文化意义 [J]. 青岛大学师范学院学报，2004（2）：40-46.

张金岭 . 中国古代女性出游行为特征新探 [J]. 中华文化论坛，2005（2）：27-32.

刘烁 . 唐代长安公共空间中的女性形象研究 [D]. 西安：西北大学，2015.

许正文 . 论曲江池的兴衰 [J]. 唐都学刊，2002（3）：36-38.

李志生 . 唐代女性袒装及其变化的原因 [N]. 团结报，2013-09-19（7）.

沐牧 . 唐代前期妇女服饰开放风格研究 [D]. 保定：河北大学，2011.

李程程 . 唐宋时期衣领发展与演变的对比研究 [D]. 西安：陕西科技大学，2013.

孙机. 唐代妇女的服装与化妆 [J]. 文物，1984（4）：57-69.

宋丙玲. 浅论魏晋南北朝时期服饰中的性别转换现象 [J]. 兰州学刊，2007（10）：167-169.

张珊. 唐代女着男装之现象初探 [J]. 美术与设计，2005（2）：36-42.

杨佩. 从"女扮男装"现象看盛唐时期的女性意识 [J]. 开封教育学院学报，2011（4）：37-40.

陈霞. 唐代胡帽的改良性流播：以长安出土画塑为例 [J]. 美术与设计，2015（1）：39-43.

穆兴平，魏鹏. 从"全身障蔽"到"靓妆露面"：以幂离、帷帽与胡帽为例 [J]. 乾陵文化研究，2008：262-267.

郭彦龙. "翻飞射鸟兽，花月醉雕鞍"：唐代骑马妇女图像 [J]. 中山大学研究生学刊：社会科学版，2006（1）：53-66.

【 咸与维新：旗袍的前世与今生 】

周松芳. 民国衣裳：旧制度与新时尚 [M]. 广州：南方日报出版社，2014.

孙彦贞. 清代女性服饰文化研究 [M]. 上海：上海古籍出版社，2008.

南京博物院，中国丝绸博物馆. 芳菲流年：中国百年旗袍展 [M]. 南京：译林出版社，2014.

白云. 中国老旗袍：老照片老广告见证旗袍的演变 [M]. 北京：光明日报出版社，2006.

刘顶新. 旗袍历史文化变迁探析 [J]. 牡丹江师范学院学报：哲社版，2015（2）：89-90.

卞向阳. 论晚清上海服饰时尚 [J]. 东华大学学报：社会科学版，2001（5）：26-32.

于振华. 民国旗袍 [D]. 上海：东华大学，2009.

陆洪兴. 中国传统旗袍造型结构演变研究 [D]. 北京：北京服装学院，2012.

朱博伟. 旗袍史三个时期的结构研究 [D]. 北京：北京服装学院，2016.

张沙沙. 民国旗袍造型研究 [D]. 南宁：广西艺术学院，2013.

魏宏音. 试论民国旗袍纹样的装饰特征及表现 [D]. 上海：上海师范大学，2014.

初艳萍. 20 世纪 20—40 年代改良旗袍与上海社会 [D]. 上海：上海师范大学，2010.

包铭新 . 20 世纪上半叶的海派旗袍 [J]. 艺术设计双月刊，2000（5）：11-12.

贺阳 . 钗光鬓影，似水流年：北京服装学院民族服饰博物馆藏 30—40 年代民国旗袍的现代特征 [J]. 艺术设计研究，2014（3）：31-36.

刘思源 . 论月份牌广告画对民国旗袍流行的影响 [D]. 北京：北京服装学院，2013.

彭朝忠 . 旗袍英译名考辨 [J]. 丝绸，2016（10）：65-69.

陈研，张竞琼 . 近代改良旗袍造型中的西方元素 [J]. 纺织学报，2013（6）：93-101.

图书在版编目（CIP）数据

历史的衣橱 : 中国古代服饰撷英 / 顾凡颖编著. ——
北京 : 北京日报出版社，2018.9（2023.1重印）
　（分拣中国史）
　ISBN 978-7-5477-2930-4

　Ⅰ. ①历… Ⅱ. ①顾… Ⅲ. ①服饰－研究－中国－古
代 Ⅳ. ①TS941.742.2

　中国版本图书馆CIP数据核字(2018)第053201号

历史的衣橱 : 中国古代服饰撷英

出版发行：北京日报出版社
地　　址：北京市东城区东单三条8-16号东方广场东配楼四层
邮　　编：100005
电　　话：发行部：（010）65255876
　　　　　总编室：（010）65252135
印　　刷：雅迪云印(天津)科技有限公司
经　　销：各地新华书店
版　　次：2018 年 9 月第 1 版
　　　　　2023 年 1 月第 5 次印刷
开　　本：710 毫米×1000 毫米　　1/16
印　　张：29.5
字　　数：350 千字
定　　价：148.00 元